伝え方が9割 2

日本廣告天才教你用科學方法
一小時寫出完美勸敗的絕妙文案

只靠靈感，永遠寫不出好文案！

SASAKI・KEIICHI
佐佐木圭一 著
陳光棻 譯

序言

表達方法能改變人生。真的！

這是我聽到的真實故事。

「去倒垃圾。」

我想，大家在請家人幫忙做家事的時候，大概都是這麼說的。
結果……可能要看對方當時的心情。
對方可能會回說「我很累耶！」或是「我正在看電視」。
這種時候，請試試這麼說：

「你要倒垃圾，還是打掃浴室？」

當你這麼一說，對方就會不自覺地做出選擇。而且，多半會選擇比較輕鬆的倒垃圾。

接下來，再介紹一個也是真實發生的故事。想約心儀的對象出去時，

「下星期六有空嗎？」

大部分的人大概都是這樣問的吧。

結果會如何……不確定，對吧。如果對方本來就對你有意思也罷，如果不是，接下來可能就是一場硬仗了。其實有個說法可以讓你突破這層難關，讓對方說：

「ＯＫ！」

你覺得是什麼樣的說法呢？

「有一家很難訂位的義大利餐廳，現在訂的話，可以訂到這星期五或星期六唷！你哪天有空呢？」

當你這麼一說，對方自然而然就會選出其中一項，「唔～我星期六有空。」只要對方做出選擇，約會就算成立了。

明明一樣都是邀約，但因為表達方法不同，聽的人可能會因此想去，或是因此不想去。實際上，這名男性成功約到對方後，很順利地開始交往，最後還結婚了。要幸福唷！

這兩個案例的成功，都是其來有自。

他們並非本來就能言善道。其實是因為，表達方法是有技巧的，而他們正好知道這些技巧而已。

當你問「A和B哪個好？」時，一般人都會不自覺地就做出選擇。祕訣就是，提供對方A和B兩個都可以的選項。如此一來，不管對方選哪個都OK。

表達方法是有祕方的。

換言之，只要知道做法，誰都能夠成功。

我原本也不善表達，但自從我發現「原來表達方法有祕方啊！」之後，我的人生就突然變成彩色的。雖然一般都覺得表達能力是與生俱來的天賦，但其實表達方法是可以經由後天學習的，就和祕方一樣，是有做法的。

為了讓總是不知如何表達的人知道這個道理，我把花了十八年發現的「表達法祕方」，寫成了我的第一本書《一句入魂的傳達力》。

喜愛閱讀、想要提升自我的人，身上一定具備了某些閃閃動人的特質。但若是沒能好好表達、讓別人看見，豈不是太可惜了嗎？我曾經為表達方法所苦，所以更想把「表達方法的技巧」公諸於世，而不是私藏起來。

撰寫本書的原因

在前一本書中，我公開了任何人都能輕鬆實踐的表達法祕方。後來，承蒙各方的熱情邀約，我共出席了兩百場以上的媒體訪問和演講，與商務人士、主婦、學生等有過許多的交流。最常聽到的心聲是：

「我按書上所說的去做，真的成功約到對方了！」

還有像是：

「不愛運動的父親開始跑步了！」

「我是賣鞋子的，銷售額明顯增加了！」

「終於與過去一直拒絕和我合作的廠商成功簽訂新商品的

表達方法很重要

契約了！」

「這些方法完全可以使用在我那正處於什麼都嫌、超難對付的女兒身上！」

每個故事都好動人，讓我不禁紅了眼眶，也有很多令我大吃一驚「原來還能這樣表達啊！」的故事。但另一方面，也有很多人提出一些具體問題，譬如：

「這種時候該怎麼說才好呢？」

「一到了緊要關頭，還是會不小心就忘了啊！該怎麼辦才好？」

於是，我也經常對聽者說明如何融會貫通地掌握這些訣竅。

在我心底累積了愈來愈多這樣的實踐案例，我也發覺到「這些情況和能融會貫通地掌握訣竅，才是讀者們想要知道的部分啊！」「為了表達對讀者的感謝之意，不是更應該分享嗎？」於是，這些想法就成了撰寫本書的契機。

本書的目的在於，

讓讀者可以完整地學會，並懂得運用表達的技巧。

閱讀這些戲劇性地逆轉困境、最終得以成功的實踐故事，不僅是種模擬體驗，也歸納了能幫你在現實生活中輕鬆活用的重點。

本書的架構，能讓人讀得懂並且立即上手。

一定能學會的「七個切入點」與「八種技巧」

在請求別人幫忙時，是有能讓對方說「YES」，能把「NO」變成「YES」的具體技巧的。當然，無法保證百分之百成功，但能大幅提升讓對方說「YES」的機率。本書所謂的「七個切入點」就是這樣。

◎讓對方改口說「YES」的七個切入點

①「投其所好」

②「趨吉避凶」

③「任君選擇」

④「力求認同」

⑤「專屬於你」

⑥「團隊合作」

⑦「感恩的心」

此外，還有一些有助於創造出感人演說、有如電影經典名句的「強力話術」技巧：

◎打造「強力話術」的八項技巧

①「驚喜法」

②「對比法」

③「赤裸裸法」

④「重複法」

⑤「高潮法」

上述五項我在別本書上已經介紹過了，而在這本書中，我更要首度公開三項新的技巧！分別是：

⑥「數字法」

⑦「合體法」

⑧「頂尖法」

我將在這本書裡讓各位學會「表達法祕方」，並能即刻活用，這是我堅持的目標。

①「實例故事」，有助記憶！

我偶爾也會聽到一些讓我十分驚豔、精采生動的「表達法小故事」。我最愛聽這種故事了，光是聽了就教人痛快，也從中獲益良多。所以，我收集了很多這類原本窒礙難行，但後來因為改變了表達方法就扭轉局勢、打開僵局的實際案例。

因為具有故事性，所以特別容易吸收。就好像要死背歷史很困難，但和歷史故事一起記憶，就變得輕鬆又愉快是一樣的道理。

②「培養輸出型架構」，閱讀同時就在練習！

為了學會表達方法，就得知道方法，並且付諸實踐。這就跟做菜一樣，知道美味炒飯的做法，再經過幾次練習掌握訣竅後，就算不看祕方也能做得出來。

本書的架構，設計成讓各位只要讀過之後就能自然地用自己的腦袋思考、輸出（實踐、應用）。換言之，在閱讀的同時就能完成練習。

③「實況演練」，讓你彷彿實際體驗現場講座！

我決定毫不吝嗇地在此公開，因「一學就會！」而備受好評的「九成都靠表達力講座」。讓各位都能透過文字的虛擬實境，體驗我在講座上實際說過的話與工作坊的內容。

讀者可在本書的「實況演練1」中，體驗將「NO」轉化為「YES」的技巧。在「實況演練2」中，體驗打造「強力話術」的技巧。

除此之外，書末的附錄列有全部的祕方，讀者可以將附錄裁切下來隨身攜帶，以便能隨時運用「表達法祕方」。

不需要像我一樣繞遠路，用最短的時間掌握技巧

我是一個廣告文案人，每天都在和文字打交道。原本就不善表達的我，有一天突然被分配到文案的工作。當時一天寫了四、五百件文案，但最後全都被棄之不用。

那時還有人對我說「根本沒有人對你抱有任何的期待」，這龐大的壓力讓我暴肥。因為工作能力太差，有一段時間，我在公司裡甚至完全沒有工作可做。年紀輕輕卻沒有工作可做，這悲慘的際遇若要用一首歌來比喻，大概就像是專為三流連續劇量身訂作的灑狗血主題曲吧。為了打發空閒時間，我只好看電影、讀小說或經典語錄，把一些自己覺得有意思的字句記在筆記本裡。

就在這日復一日的某一天，當我無意識地瀏覽著這些字句時，突然發現了彷彿是「語言法則」的東西。我嘗試遵循這個法則去寫文案……結果耐人尋味的事發生了，我的文案竟然開始受到好評。這一切並不是逐漸變化的，而是在我知道「語言的法則」後，人生就瞬間變成彩色的了。

若要各位讀者從頭開始體驗我十八年來的文案人生，勢必要耗費龐大的時間與精力，毫無效率可言。**本書就是把我反覆摸索後學會的技巧，設計成能讓各位用最短時間掌握並實踐的祕方兼教戰手冊。**

本書將「表達法祕方」整理成像做菜的祕方一般，赤裸裸地展示了料理祕訣。就算無法馬上就端出「專業主廚的味道」，在讀完的瞬間也能做出「在家裡就能品嚐得到的大廚美味」，並且融會貫通、運用自如。

透過公開「表達技巧的學習法」，希望本書的所有讀者都能開拓更寬廣的人生、更接近自己的夢想。

那麼，就讓我們趕緊進入具體方法，一起來實際學習表達的技巧吧。

【目次】

第2章

完全掌握！打造「強力話術」的技巧

第1章

完全掌握！把「NO」化為「YES」的技巧

——接觸大量實例故事，讓你不需要意識就能活用「表達法祕方」

所有強者都知道如何表達

——人無法孤軍奮戰，讓對方想要出手相助的表達方法，將會是你的強力武器

「不好意思，突然有工作。今天就取消吧！」

約會當天，突然收到這樣的訊息。

這是經常會碰到的狀況之一，絕大多數時候也是莫可奈何。但大部分人收到這樣的訊息，在失望的同時還會覺得：

「他一點也不重視我啊……」

原本怦然心動的心情，也不免蒙上一絲陰影。是不是自己做錯了什麼？還是要怪突然把工作丟過來的可惡主管？可能也有一點。但其實有問題的是，讓人覺得不被重視的

「表達方法」。

那麼，換成這個說法如何呢？

「不好意思，突然有工作。但我更想你了！」

光是這麼說，聽者的心情就會截然不同。原因有二：

第一，「我更想你了！」表達出喜歡對方的心情。

第二，因為這樣的說法，讓原本單純的「放鴿子」，轉化為「讓兩人感情升溫的阻礙」。

表達方法不同，人生也大不同。

和心儀對象的對話、工作上的提案、家人間的日常對話、求職時的面試。愈是人生重要的關卡，表達方法對結果的影響就會愈直接。儘管說的都是同樣的內容，但表達方法不同，對方的答案就可能從「NO」變成「YES」。

「表達方法」的重要性眾所皆知，但該如何學習表達方法卻意外地不為人知。一般都覺得這是「個人的智慧」、「與生俱來的天賦」，因而無法輕易學會，也無法改變。不過，別擔心。

表達方法是有祕方的。

換言之就是，「只要知道就能做到」。過去都是仰賴個人的天賦，但現在只要知道了「表達法祕方」，任誰都能掌握巧妙的表達方法。愈是領悟力高的人，就愈能在不自覺中運用「表達法祕方」。

在此，我將把過去總是和「感覺」或「天賦」一起被談論的表達方法，用「祕方」的形式介紹給大家，讓所有人都能手到擒來。

讓對方說「YES」的可能性提高二至三成

——雖無法全盤改變，但能提高可能性

說實話，並非現在讀了這本書，就能把過去對方說「NO」的事全都變成「YES」。不過，的確能夠提高成功機率。就我的經驗來說，若原本的可能性是零，**至少能提高二至三成。若原本的可能性是一半左右，那就能提高到七至八成。**

結果會不斷地累積。當各位學會「表達法祕方」後，在持續運用的過程中，就能達到過去的自己所難以企及之處。

人們平均每天會請求他人協助二十二次。當然，有時候對方會說「YES」，有時候則會說「NO」。舉例來說，我們就假設一天當中至少有一次，能把過去對方說「NO」的狀況變成「YES」，會有什麼不同呢？只有一天，或許看不出什麼變化。

但若持續一年，就能改變三百六十五次。持續三年以上，就能改變超過千次。**當你能夠把過去對方說「NO」的狀況變成「YES」，並達到一千次以上，你不覺得人生會有很大的改變嗎？**

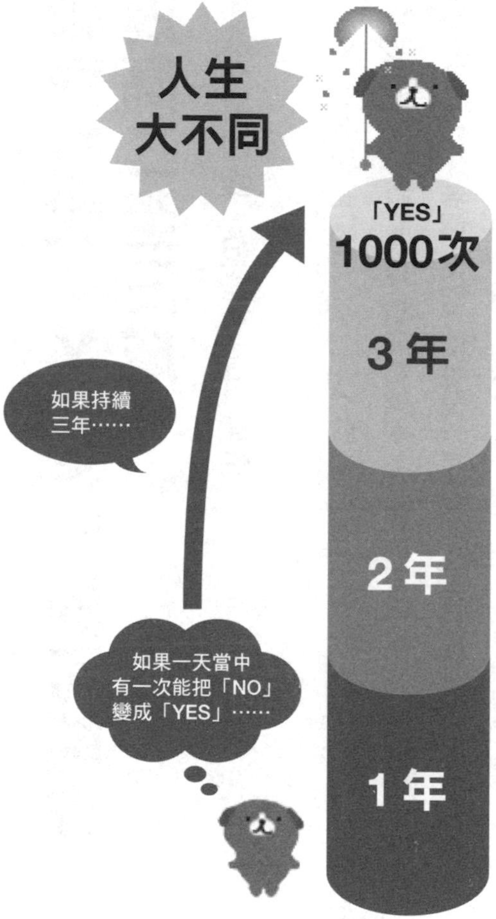
人生
大不同
「YES」
1000次
3年
2年
1年
如果持續
三年……
如果一天當中
有一次能把「NO」
變成「YES」……

即便是同樣的內容，
不同的表達方法
就能將可能性提高二至三成。

大量閱讀實例故事，徹底內化表達技巧

——能否熟習掌握，取決於接觸了多少優質故事

這本書的巧思在於，把架構設計成讓讀者光是讀完之後，就能擁有身歷其境般的體驗。第一章與第二章裡的實例故事，是本書的關鍵內容，目的就是為了讓讀者在閱讀的同時，將祕方內建至腦袋裡。

每個人的人生中，都曾經有過因能巧妙表達而有所突破的經驗。當然，透過不斷累積類似這樣的經驗，就能深入掌握表達方法。只是，人生中為了累積大量的經驗，或許得花上幾十年的時間。

接下來，我們收集了許多「實踐時順利成功的精選故事」，提供一些實例，讓各位在讀過之後，彷彿身歷其境一般。**閱讀時，請特別留意使用祕方前後在說法上的差別。**

終極的目標是完全掌握、融會貫通，達到不需特別意識就能運用自如的狀態。就算是炒飯，剛學時還是要邊看祕方邊做，但多做了幾次之後，身體自然而然就會記得做法，最後甚至能邊接電話邊做。

重點就在於……「次數」。也就是說，增加與優質表達方法的接觸次數，自然而然就能學會。

在本書中，充分準備了許多優質的實例故事。內容編排上也經過精心設計，透過增加經驗值，讓各位充分掌握技巧，達到立即就能應用在日常生活裡的水準。

三個步驟，立即練習！

——希望各位掌握的三項基本重點

為了把過去對方說「NO」的狀況變成「YES」，有三個步驟。

把「NO」變成「YES」的技巧

步驟1 「不要直接說出自己的想法」

人類很容易「想到什麼就說什麼」，然而這不但無法讓你如願以償，有時甚至會引發反感，相信大家都有過類似的經驗吧。所以，**別再把你心裡想的直接說出口。這就是步驟1**。

我們都是凡人，實在無法保證在所有狀況下，都能克制自己不要想到什麼就說什麼。但至少在「重要的請求」時，試著不要把心裡想的，原封不動地說出口。

舉例來說，爸媽從老家寄來一大堆橘子，家人都吃膩了，但又不想看著它們爛掉。

這時，請千萬別脫口就說：

「大家再吃一點橘子啊！」

步驟 1

不要直接說出自己的想法

步驟 2 「想像對方的想法」

想像「對方的想法」，想像一下對於你的請託，對方是怎麼想的？對方平常在想些什麼呢？

如果直話直說，對方會有什麼反應？如果對方看起來會說「YES」，直接把自己的想法說出來好像也無妨……。

但如果對方似乎會說「NO」，就不能直接說出口。

試著先擱下你的請託不談，想像一下對方的喜好、性格，讓對方說「YES」的答案就隱身其中。

想像一下已經吃膩橘子的家人，他們的腦袋裡在想什麼。

多半是在想：

「老是吃橘子怎麼吃得下去啊。」

在此，先擱下你的請求，試著思考一下家人的喜好等等。譬如：

「不想感冒。」

誰都不想生病吧。

一到了容易感冒的季節，周圍的人都紛紛開始感冒，這就成了家人特別留意的重點。

步驟 2

想像對方的想法

希望大家
多吃一點橘子
✕ 老是吃橘子
怎麼吃得下去啊
○ 不想感冒

把「NO」變成「YES」的技巧

步驟3「提出符合對方利益的請求」

最後就是提出一個符合「對方利益」與「自己利益」的請求。

再根據對方的想法，選擇要說的話。

這裡的重點是，按照對對方有利的脈絡來提出請求。因為，就算改變表達方法，只要結果達成你的要求就可以了。

步驟 3

提出符合對方利益的請求

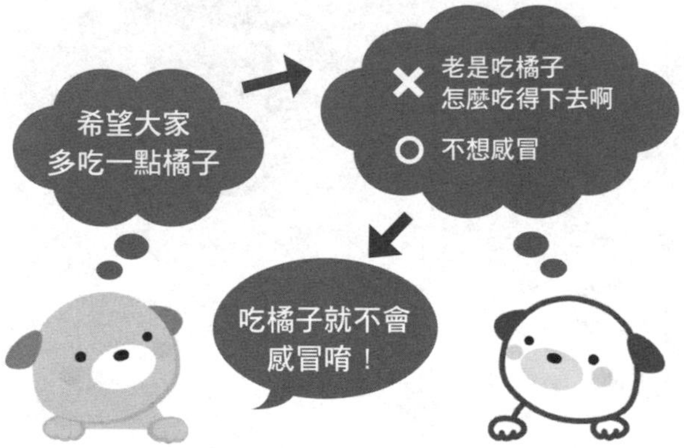
希望大家多吃一點橘子
✕ 老是吃橘子怎麼吃得下去啊
○ 不想感冒
吃橘子就不會感冒唷！

對於不想感冒的家人，當你說：

「吃橘子就不會感冒唷！」

由於符合對方的利益，對方自然
就會想吃了。

透過這樣的方式，最終讓大家都
想吃橘子。

把「NO」變成「YES」的三個步驟

步驟 1
不要直接說出自己的想法

步驟 2
想像對方的想法

步驟 3
提出符合對方利益的請求

七個切入點

閱讀實例故事的訣竅

——只要讀過就能學會的祕密。希望你特別注意的閱讀重點

本書的設計重點，是讓讀者在閱讀同時就能學會表達法祕方。因此，從這裡開始，不建議大家跳著讀。

每個實例故事都會附上一張「表達法圖示」。讀完後再複習一下圖示裡的重點，掌握祕方的穩定度就會大幅提升。因為，過去不自覺地透過直覺所理解的東西，會隨著祕方的步驟深植在你的腦袋裡。

別擔心，只要像平常一樣閱讀即可。這些全都是有笑有淚、令人動容的有趣案例。敬請期待接下來的實例故事吧。

投其所好

——雖然很基本，但效果最強。最討人喜歡的表達法

「不好意思，這件襯衫只剩下現貨了。」

當店員這麼跟你說時，你有什麼感覺？

腦海中浮現的畫面大概是：

「是剩下的啊！」

「一定很多人試穿過吧？」

但是，如果店員說的是：

「這一件賣得很好，只剩最後一件了。」

這時你的感覺大概是：

「如果很熱賣，我也想要！」

「最後一件，要買趁現在！」

第二種說法就是運用了切入點「投其所好」，這樣相信去結帳的人會增加吧。

明明是同樣的內容，不同的表達方法往往會改變對方的解讀與行動。

在這種情況裡，店員的目的是「希望客人購買」。不過，他並沒有直接說出口，而是想像客人的想法，用「投其所好」的脈絡去表達。

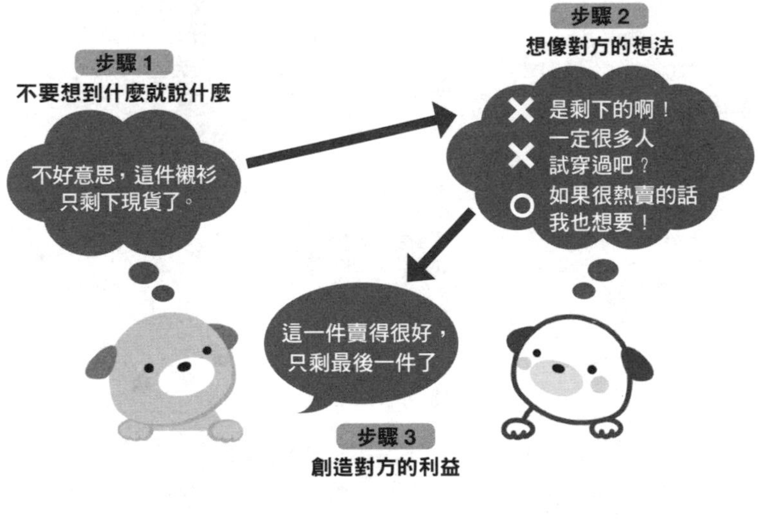

步驟 1
不要想到什麼就說什麼
不好意思，這件襯衫只剩下現貨了。
步驟 2
想像對方的想法
✕ 是剩下的啊！
✕ 一定很多人試穿過吧？
○ 如果很熱賣的話我也想要！
這一件賣得很好，只剩最後一件了
步驟 3
創造對方的利益

用「投其所好」來表達，對方也會樂意接受請託。當你能夠思考到這點時，就能讓對方開心，同時也願意傾聽你的請求。

「七個切入點」中，我總是習慣先從這個切入點——「投其所好」開始思考。

一旦養成思考「投其所好」的習慣，甚至能讓對方覺得你連個性都變好了。不，應該是說，當你積極開始思考如何「投其所好」時，個性就真的會變好。

以下就是運用「投其所好」這個切入點的實例故事。

STORY

「投其所好」實例故事

飛機餐的魚肉餐盒剩比較多時，巧妙調整數量的表達方法

在日本電影《夢想起飛：菜鳥空姐的處女航》中，有很多精采的表達方法，讓人看了不禁頻頻點頭稱是。這部電影的主角是飾演航空公司菜鳥空服員的綾瀨遙。在一幕分配飛機餐的場景裡，有牛肉與魚肉兩種選擇，但大家都選牛肉，結果剩下了一堆魚肉餐，菜鳥空服員面臨了空前大危機！

此時，資深前輩出現了，她對綾瀨遙說：「要平均分配啊！學著點。」然後展示了她高超的表達方法。

✕ **「不好意思，只剩下魚肉了」**

想像對方的想法

○ **「今天有撒滿香草、豐富的礦物質天然岩鹽，還有粗粒黑胡椒的美味法式嫩煎白肉魚……和一般的牛肉」**

「今天有撒滿香草、豐富的礦物質天然岩鹽，以及粗粒黑胡椒的美味法式嫩煎白肉魚……和一般的牛肉。」

因為是電影，當然演出會有些誇張，但經空服員這麼一介紹，自然會覺得魚肉看起來比較好吃，因而不禁想要選擇魚肉餐，對吧。就在資深前輩的一番介紹後，接下來的客人幾乎都很樂意地選了魚肉餐。這個例子也是運用了「投其所好」的祕方。

「不好意思，只剩下魚肉了。」

當空服員這麼說時，客人不僅會覺得好像硬在推銷剩下的東西，食慾也盡失。但聽了資深空服員的另一種介紹後，客人卻主動想選魚肉了。這就是表達方法的力量！

STORY

「投其所好」實例故事
改名之後，銷售量大增十倍的蔬菜命名法

日本番薯中有一種名為「山田薯」的品種。食材宅配服務公司「Oisix」的菅美沙季小姐正為了如何提高其銷售量，而煩惱不已。雖然山田薯極其美味，但畢竟還是番薯，即使實力堅強，想要銷售得比其他番薯好卻很困難。

「山田薯」

是番薯的品種名稱。菅小姐苦思許久，在和團隊討論過後，決定不要主打品

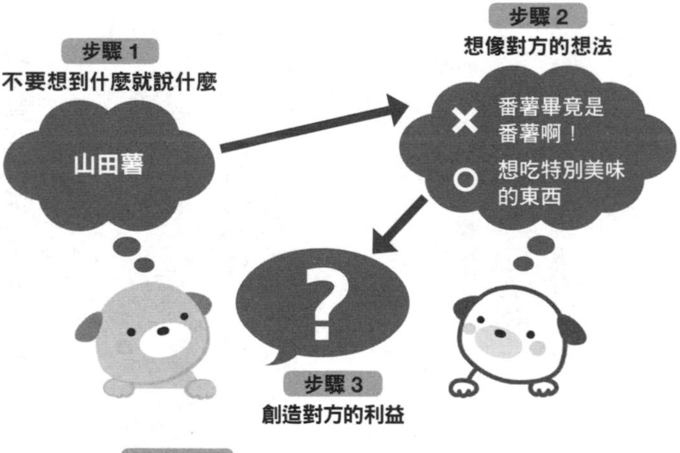
步驟1
不要想到什麼就說什麼
山田薯
步驟2
想像對方的想法
× 番薯畢竟是番薯啊！
○ 想吃特別美味的東西
?
步驟3
創造對方的利益

答案「生焦糖番薯」

種名，而是為它取一個暱稱：

「生焦糖番薯」

這個暱稱表現了山田薯的濃郁風味、滑順口感，而且一語中的，完全迎合了負責採買的主婦的「喜好」。用家庭主婦最愛的字眼——「生焦糖」來命名，大幅提升了大家的購買欲望。改名之後，銷售量竟然大增了十倍。在網購方面也連續兩年獲得最高榮譽的金獎。

STORY 「投其所好」實例故事
讓價格導向的製造商願意採用高價商品的表達方法

社長很苦惱。他的公司是承包商，專門提供汽車導航系統給製造商。然而，製造商的條件非常嚴格。去年砍價砍了百分之三，今年更是砍到百分之五。雖然淨收益因此減少，但身為社長卻又不得不接受這個條件。社長想設法改變這個狀況，不只一次地向製造商提案，希望對方採購更高價的商品。

「要不要製造高價格的高性能機種呢？」

製造商的回答是「NO」，社長真的是一個頭兩個大。今年春天，打算再度去提案之前，突然靈光乍現，決定運用表達法祕方。不直接說出自己想要的，在充分研究過製造商的經營狀況後，社長是這麼說的：

「要不要打造貴公司的旗艦機種呢？」

社長在說這句話時也是緊張萬分。

然後，製造商的部長拍了一下大腿……

「就是這個！我們就是在等這樣的提案啊！」

結果，合約順利談成了。因為製造商有好幾種汽車導航系統，但卻沒有一個具代表性的旗艦機種。這正是充分想像過對方的想法後，才說得出來的切入點——「投其所好」。

但其實，商品的內容和之前的提案一模一樣，就是當初的高價格、高性能機種。

在想像過對方想法後的提案，已不再是單純的高價商品，而是進化為事業提案了。

✕ **「要不要製造高價格的高性能機種呢？」**

想像對方的想法

○ **「要不要打造貴公司的旗艦機種呢？」**

運用「投其所好」的切入點，
不但可以博得好感，
還能讓事情照自己的期望進行。

把「NO」變成「YES」的切入點 2

趨吉避凶

——對說了沒效的人特別有效。發揮強力效果、最後的大絕招

希望大家不要觸摸展示品的時候，相信各位都看過這樣的警語：

「請勿觸摸展品」

但相信各位也一定見過，明明警語這麼寫了，還是有人會去摸。愈是被禁止愈是想要反抗，這就是人性。有人說「不要這麼做」，卻硬是反其道而行的經驗，想必每個人都有過吧。另一方面，要是警語這麼寫呢？

「展品表面塗有藥劑，請勿觸摸」

若是這麼寫，就不會有人想摸了吧。一旦摸了，手會沾上藥劑而感到不舒服，而且也對身體有害，自然而然會覺得不摸似乎才是上策！

「因為有這樣的壞處所以停止吧！」

這樣的表達方法，就是所謂的「趨吉避凶」。對方覺得不要緊的狀況背後，其實也有看不到的壞處與缺點，有時必須透過揭露並傳達這些缺點，來讓「對方不再想那麼做」。換言之，就是要說出不去做某事的好處。

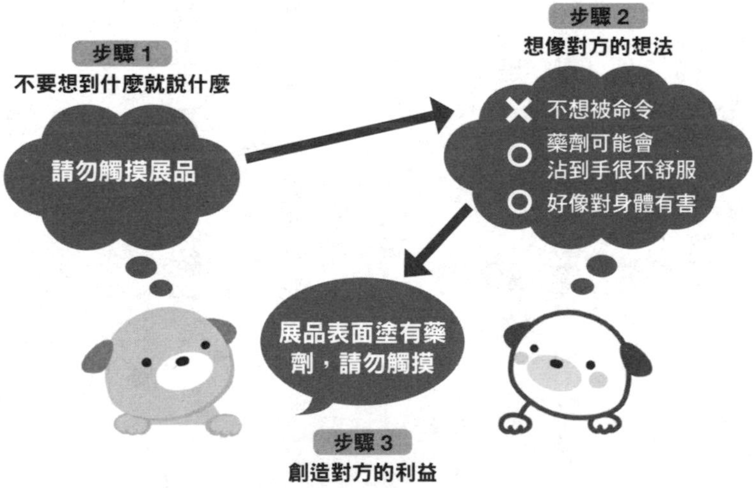
步驟 1
不要想到什麼就說什麼
請勿觸摸展品
步驟 2
想像對方的想法
不想被命令
藥劑可能會沾到手很不舒服
好像對身體有害
展品表面塗有藥劑，請勿觸摸
步驟 3
創造對方的利益

這個切入點非常強力，足以影響平時難以說服的人。但另一方面，有時也可能讓人覺得語帶強迫。所以要盡量避免連續使用，也要慎選使用場合。

接下來，就請各位在下一個故事裡，一起來體驗一下「趨吉避凶」吧。

STORY

「趨吉避凶」實例故事

讓老是不蓋上馬桶蓋的老公乖乖蓋上的表達方法

結婚二十五年的安藤由衣女士（假名），常常因為老公上完廁所不把馬桶蓋蓋上而生悶氣。每看到一次，她就忍不住要念一次。

「把馬桶蓋蓋上！」

有時老公會心不甘情不願地蓋上馬桶蓋，但隔天又故態復萌。因為安藤女士很擔心沒蓋上馬桶蓋，家裡養的貓咪會去喝馬桶裡的水。她完全不懂老公在想什麼。

她也想過算了，別再想了。但只要一到廁所，看到掀起來的馬桶蓋，還是不由得一把火升上來。某天，安藤女士決定改變說法……結果，沒想到從此之後，老公上完廁所一定都會蓋上馬桶蓋。她到底說了什麼呢？

「聽說不蓋上馬桶蓋，財運會變差唷！」

據說，風水上真的有此一說。不過，老公聽她這樣說時，依然面不改色。安藤女士還懊悔著，只是換了一種說法果然還是沒效啊。但

✕ **「把馬桶蓋蓋上！」**

想像對方的想法

○ **「不蓋上馬桶蓋，財運會變差唷！」**

萬萬沒想到的是，後來接在老公之後去上廁所時，卻發現馬桶蓋已經蓋上了。第二天一樣，第三天也一樣。

安藤女士的老公並不沒有特別講究風水，但「想避免財運變差」的意識，顯然很強烈。自從這麼說之後，馬桶蓋回到了它原本的位置，安藤女士的心情也回到了心平氣和的狀態。

STORY

「趨吉避凶」實例故事

讓任由孩子吵鬧的媽媽們突然改變的表達方法

傍晚的家庭餐廳裡，有許多帶著小孩的媽媽和一些上班族等顧客。此時的店員齊藤紀子小姐（假名）很苦惱：孩子們成群嬉鬧也就罷了，還離開座位，開始在店裡跑來跑去。齊藤小姐趕緊去找孩子們的媽媽，向正在開心聊天的媽媽們拜託：

「這樣會打擾到其他客人的用餐，能不能請小朋友回到位子上呢？」

媽媽們停止聊天，轉過頭來看了一下。

但下一秒鐘，就彷彿什麼事也沒發生過一樣，又開始聊學校老師的八卦。齊藤小姐希望的是孩子回到位子上去，而不是媽媽們回到八卦上去啊！

此時，店長發現店裡相當嘈雜，於是走到外場。聽完齊藤的說明之後，說：

「這樣說就行了啊！」

然後，往媽媽們的方向走去。齊藤坐立難安，因為她剛剛才拜託過媽媽們，但她們卻視若無睹。店長是怎麼說的呢？

「餐點都很燙。如果小朋友撞到被潑灑到，可能會燙傷。能不能請小朋友們回到位

子上呢？」

此話一出，媽媽們面面相覷。然後，開始叫孩子回到座位上，或是去把小孩帶回座位……這種表達方法的切入點，就是「趨吉避凶」。

就算店家的想法，也就是會打擾其他客人用餐的說法，無法引發媽媽們的共鳴，她們還是會想要避免讓小孩燙傷。店長巧妙的表達方法與效果，讓齊藤小姐甘拜下風。隨後，店長又笑咪咪地回到廚房去了。

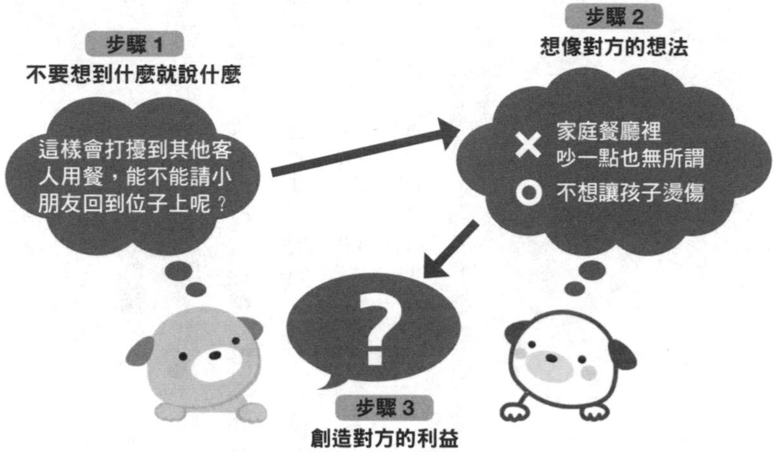
步驟 1
不要想到什麼就說什麼
這樣會打擾到其他客人用餐，能不能請小朋友回到位子上呢？
步驟 2
想像對方的想法
✕ 家庭餐廳裡吵一點也無所謂
○ 不想讓孩子燙傷
?
步驟 3
創造對方的利益

答案 「餐點都很燙。如果小朋友撞到被潑灑到，可能會燙傷。能不能請小朋友們回到位子上呢？」

不必完全記得圖中解答的一字一句，只要記得大致說法就行了！

STORY

「趨吉避凶」實例故事

讓順手牽羊驟減的書店告示

大阪某書店的店長山田高次先生（假名）正頭疼不已。

身為店家，他已經處處小心留意，但順手牽羊的狀況還是層出不窮。他在店裡貼了告示海報，上面用大大的字寫著：

「順手牽羊是犯罪！」

但是，一點效果都沒有。

苦惱不已的山田先生讀了我的前一本書之後，試著運用書中所寫的表達方法，製作了新的海報。

這次，上面寫著：

「託大家的福，我們順利抓到了順手牽羊的小偷。感謝大家的協助。」

結果，順手牽羊的狀況明顯減少了。

對順手牽羊的人來說，沒有什麼事比「被抓到這件事」更慘了。這會讓他們強烈地覺得「自己不想落得同樣下場」。

不過，順手牽羊的狀況並不會就此完全消失，這一招沒效之後，可能又會需要新的表達方法。但事實上，換一種說法的確能成功減少順手牽羊的狀況。

✕ **「順手牽羊是犯罪！」**

想像對方的想法

○ **「託大家的福，我們順利抓到了順手牽羊的小偷。感謝大家的協助。」**

運用「趨吉避凶」的切入點，
能夠發揮強烈的強制力。
這是表達法中，最後的手段。

把「NO」變成「YES」的切入點 3

任君選擇

——重點在於提供兩個不管對方怎麼選都能如己所願的選項

在餐廳裡用餐快要結束時，服務生通常會問：

「要來點甜點嗎？」

喜歡甜食的人或許會點，但不愛的人可能就不點了。這時候，有一種說法能讓餐廳營業額提高更多。

「我們今天的甜點有芒果布丁和抹茶冰淇淋，請問要哪一種呢？」

當服務生這麼一問，客人就會不由自主地做出選擇，「如果是這兩樣的話……那我要芒果布丁！」這就是所謂的人性。**當有兩個以上的選項時，人就是會不自覺地從中選出一個**。由於甜點利潤高，店家當然是希望能盡量增加點餐數。店員只要稍微改變一下說法，營業額就能提高。

運用切入點「任君選擇」的重點在於，請託的內容必須是，無論對方選哪一項都能如己所願。若是這樣的問法：

「要甜點？還是茶？」

如果對方選「茶」，就無法帶來利潤。所

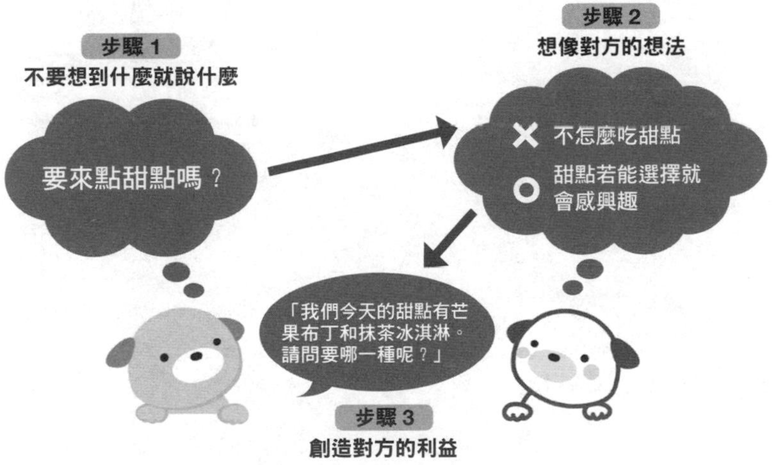
步驟 1
不要想到什麼就說什麼
要來點甜點嗎？
步驟 2
想像對方的想法
✕ 不怎麼吃甜點
○ 甜點若能選擇就會感興趣
「我們今天的甜點有芒果布丁和抹茶冰淇淋。請問要哪一種呢？」
步驟 3
創造對方的利益

以在表達時，要能讓對方從都能帶來利潤的「芒果布丁」或「抹茶冰淇淋」這兩個選項中做出選擇。

「任君選擇」的特徵在於，選擇權最終還是在對方手上，能讓對方覺得「是自己做出選擇」，有減少被強迫感的效果。

STORY

「任君選擇」實例故事

讓不想穿鞋的小小孩自動穿上鞋子的說法

坂井惠美女士（假名）有一個兩歲的女兒，每天早上要送她去托兒所時，有一件事很困擾坂井女士。那就是，女兒怎麼樣就是不想穿鞋。當然，總不能讓女兒光著腳去托兒所，所以她也只能語帶命令地說：

「把鞋子穿上！」

但女兒不但完全沒有要穿的意思，還想回到房間裡玩積木，也常常因此遲到。坂井女士真的是束手無策。直到某天，她試著用從某個媽媽那裡聽來的表達法祕方。她拿出兩雙鞋給女兒，問：

「藍的和紅的哪個好呢？」

結果，女兒伸出手指向其中一雙說：「藍的！」然後就自己穿起鞋來了。原來女兒不開心的是被迫穿上別人選好的鞋子。但能按自己的意思選擇，她就願意自己穿鞋了。這個說法就是運用了「任君挑選」的切入點。此後，坂井女士在育兒過程中也開始大量運用這種表達方法。

同樣地，不要說：

「把衣服穿上！」

而是要說：

「花的和小熊的衣服哪一件好？」

這樣在教養小孩上，表達方法才能發揮效果。重點在於表達時要激發小孩自己願意主動去做的心情。不過，如果一直都只用「任君選擇」的技巧，久了也是會失靈。所以，希望各位務必挑戰穿插運用不同的祕方。

在教養上運用「表達法祕方」的優點，不只在於能夠激發孩子自動自發的精神。孩子們從媽媽身上學到的「表達法祕方」，在長大之後，有一天也能運用在自己的生活當中。孩子的生活中有許多與朋友、老師對話的機會，若能學會表達方法，自然就能減少紛爭。

相信這也能成為推動孩子人生的真正力量。

✕ **「把鞋子穿上！」**

想像對方的想法

○ **「藍的和紅的哪個好呢？」**

STORY
「任君選擇」實例故事

一句話就讓大家出席總是無法吸引人出席的工會會議

加入公司工會的大江由香小姐（假名）很困擾。她因為前輩的邀約而加入工會，但參加會議時嚇了一跳，因為出席人數完全不如預期。而且大江被交付的任務，竟然就是「讓大家來開會」。一開始，包括提醒函在內，她分好幾次寄發了開會通知，並禮貌地寫上：

「敬請踴躍出席」

但仍舊沒什麼人來開會。大家似乎都覺得出席會議很麻煩。

於是，大江小姐決定換一種方式說說看。由於工會成員以男性居多，所以她發出了這樣的電子郵件：

「出席會議的便當可提供給各位選擇。燒肉便當和豬排飯哪一個好呢？」

沒想到，總是很晚才會收到的出席回函，回覆的速度竟然明顯提高。而且，連過去每次都沒出席的人也回信說：「我要選燒肉便當。」然後，到了開會當天，大江小姐忐忑不安地等待大家報到。結果開會時間一到，突然人就開始聚集了。在「好久不見！」的招呼聲此起彼落的同時，會場座位也慢慢地填滿。最後，人多到讓總是門可羅雀的會議室，也擠得水洩不通。

大江小姐運用的切入點就是「任君選擇」。對大江小姐而言，無論是燒肉便當或豬排飯都無所謂，因為只要大家願意出席，選哪一樣都可以。其實，一直以來大江小姐都準備了足夠數量的便當。但她運用了「任君選擇」，再加上「投其所好」，選擇了男性會喜歡的便當，終於提高了出席率。

大江小姐雖然是菜鳥，但因為善用表達方法，儼然成為提高出席率的大功臣。

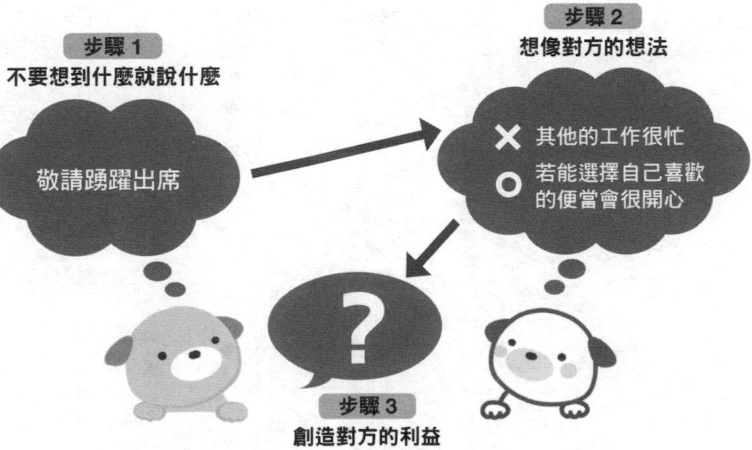
步驟 1
不要想到什麼就說什麼
敬請踴躍出席
步驟 2
想像對方的想法
✕ 其他的工作很忙
○ 若能選擇自己喜歡的便當會很開心
?
步驟 3
創造對方的利益

答案 燒肉便當和豬排飯哪一個好呢？

運用「任君選擇」的切入點，能誘導對方在不覺得被強迫的狀態下做出選擇。

把「NO」變成「YES」的切入點 4

力求認同

——無論在工作上或家庭裡都效果絕佳！人際關係也能順利圓滿

若對不做家事的丈夫說：

「至少擦個窗吧，我也很忙耶！」

丈夫真的會願意去擦窗嗎？結果當然是「ＮＯ」。那只會讓他覺得被強迫做麻煩的事，而想要離開現場。就算他真的去擦窗了，想必也是非常心不甘情不願，心裡還暗想著：「我每天也都在辛苦工作啊！」不過，如果這樣說呢？

「老公，你比較搆得到高的地方，一定能把窗子擦得亮晶晶的，能請你幫忙嗎？」

這樣一來，比起前一種說法，應該會激起稍微多一點「那我就來試試看」的心情。

這裡運用的就是「力求認同」的切入點。當然，這個說法並無法百分之百保證丈夫就會去擦窗戶。但至少他聽到這樣的說法時，心裡不會不舒服。

這種「力求認同」的心理，也能用心理學上的「自尊需求」（esteem needs）來說明，也就是「當受到他人期待時，就會想要拿出符合期待的成果」。

不僅是商務人士，連家庭主婦、學生、年長者都一樣。當受到肯定時，就會萌生想要回應對方期待的心情。就算是有點麻煩的

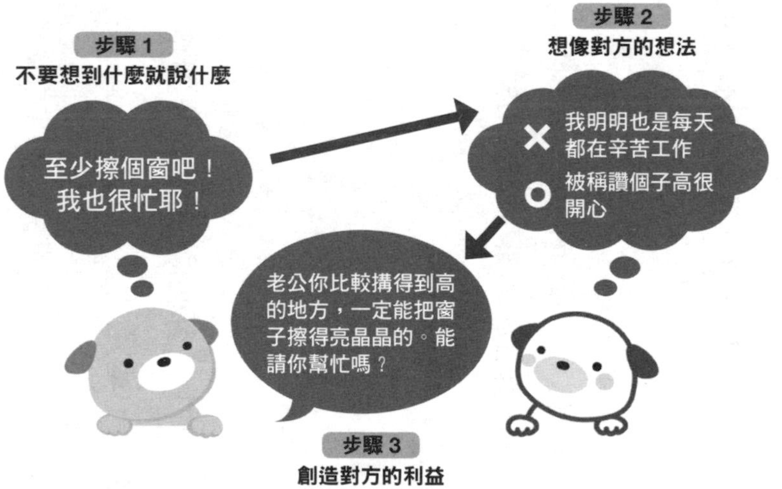

請託，這樣的心情都能賦予我們想要回應的力量。

STORY「力求認同」實例故事

讓快要離職的新進員工找回自信的表達方法

「看來快要離職了……」

藤木真奈（假名）小姐看著新進員工鈴木（假名），不禁這麼覺得。

藤木小姐一直在默默地替有幹勁又有夢想的鈴木加油。但在遠處觀察也都明白，鈴木在工作上失誤不斷、老是挨罵，已經漸漸失去自信。

就在這樣的狀況下，有一天藤木小姐接到了來自鈴木的電話。原來是交貨上出了差錯，得向客戶解釋。她馬上指示鈴木打電話向客戶道歉，但電話那頭卻飄散出一種「希望您幫我打這通電話」的氛圍。若是平常，藤木小姐一定會冷冷地說：

「連這都不會該怎麼辦？」

但她吞下了這些話，換了一個說法。

「沒問題的，鈴木，你一定行的！客戶也一定希望鈴木你自己向他們說明唷！」

藤木小姐懷抱著「希望鈴木再努力一下！」的心情，運用了「力求認同」的表達方法切入點，說了這番話。在幾秒鐘的沉默之後，鈴木終於開口，用稍微打起精神的聲音說：「好，那我試試看！」

掛上電話後，藤木小姐非常坐立難安，但鈴木最終還是開朗地捎來了好消息。

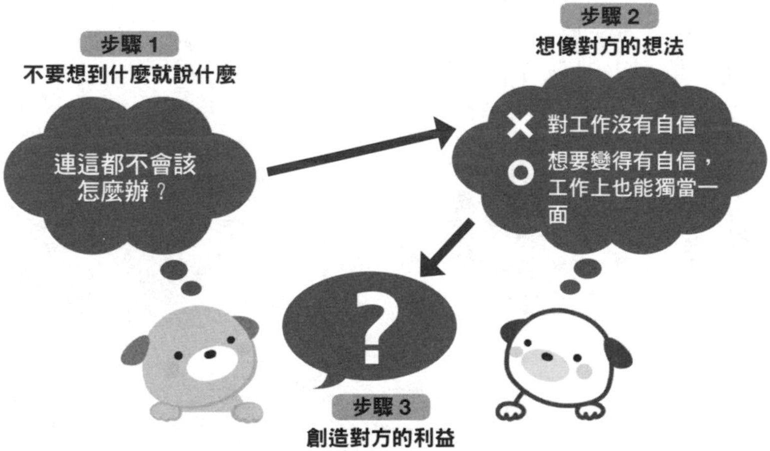
步驟 1
不要想到什麼就說什麼
連這都不會該怎麼辦？
步驟 2
想像對方的想法
✕ 對工作沒有自信
○ 想要變得有自信，工作上也能獨當一面
?
步驟 3
創造對方的利益

答案 **「沒問題的，鈴木，你一定行的！客戶也一定希望鈴木你自己向他們說明唷！」**

STORY「力求認同」實例故事

一句話讓不愛牽手的小孩也願意和你攢牢牢

燈號轉成綠燈了還遲遲不過馬路的兩人，在周圍看來或許有些奇怪。下田靖子（假名）小姐想要帶三歲的外甥過馬路……但他的手就是不肯讓阿姨牽。眼前是車水馬龍的大馬路，不時還有卡車經過。

「很危險，快把手給我牽！」

不管下田小姐說了幾次，外甥就是抵死不從，連聲喊著「不要」。外甥似乎是因為不滿自己被當成小孩對待。話雖如此，他就是個小孩子啊。

如果下一個綠燈還是過不去怎麼辦？下田小姐看著眼前的紅燈正煩惱著。然後，決定試試看運用表達法祕方。

「我一個人會害怕，你能牽著阿姨的手一起過馬路嗎？」

下田小姐反其道而行，把外甥當大人來對待，並說了這句話。沒想到，外甥竟然很樂意地牽起了她的手。下田小姐運用的就是「力求認同」的表達法切入點。外甥很開心自己被當大人對待，於是願意自己伸出手來牽阿姨的手。下田小姐也因此能牽著外甥的手，安心地過馬路。

當然，下田小姐也能強硬地牽著外甥的手過馬路。但透過運用表達法祕方，無論是外甥還是下田小姐本人，都能開心地牽手過馬路了。

這就是表達方法的力量。

✕ **「很危險，快把手給我牽！」**

想像對方的想法

○ **「我一個人會害怕，你能牽著阿姨的手一起過馬路嗎？」**

運用「力求認同」的切入點，
能讓再強的對手都會想要
回應你的期待。

專欄

檢查你的「表達程度」①

有個問題可以馬上看出「你在面對長輩、上司時，是否能順利表達自己的心意？」首先，請決定好你想檢查和誰的關係。

那麼，請在五秒內回答以下的問題。

Q.「前輩／上司的小孩叫什麼名字？」

回答得出這個問題的人，和前輩或上司的關係堪稱良好。回答不出來的人，就要注意了。為什麼知道小孩的名字是個重點呢？因為小孩是所有人在這世界上最愛的事物之一。知道小孩的名字，代表你曾經想過「上司或前輩的喜好」。

反過來說，不知道的人就是不曾去思考「上司或前輩的喜好」。也就是沒有實踐溝通的基本原則——想像對方想法的「投其所好」。如果你是這樣的人，不妨趕緊去調查一下上司小孩的名字吧。

把「NO」變成「YES」的切入點 5

非你莫屬

——當有人對你說「只有你」時，人都會不禁被感動

聽說現在二十幾歲的年輕人都不再和上司喝酒了。

我的朋友問公司的新進員工：

「要不要去喝一杯？」

結果對方還反問他：

「為什麼？」

友人根本沒想到會被反問這樣的問題，情急之下只好回說：「啊！如果沒空的話就算了。」

現在已經是一個這樣的時代了。

讓朋友困擾的事還不只這些。他的部門要辦聚餐，他正好被選為幹事。部長指示：「上次都沒什麼人來，這次務必要讓多一點人來聚餐」。他頓時陷入危機，但他後來想了一想，決定這麼說：

「市川你沒來，氣氛就不熱烈啊，唯獨希望你一定要來！」

他就按這樣的說法，寄電子郵件給部門裡的所有同事。不是用群組傳送，而是一一寄給每一個人。結果，當天部門的聚餐，竟然所有人都來了。這個表達法的切入點就是「非你莫屬」。

就是要表達出「只有你」、「非你不可」，除了當事人外其他人都無法代替，「你才是萬中選一」的意思。這種時候，若能加上名字如「就只有市川你」，效果更是倍

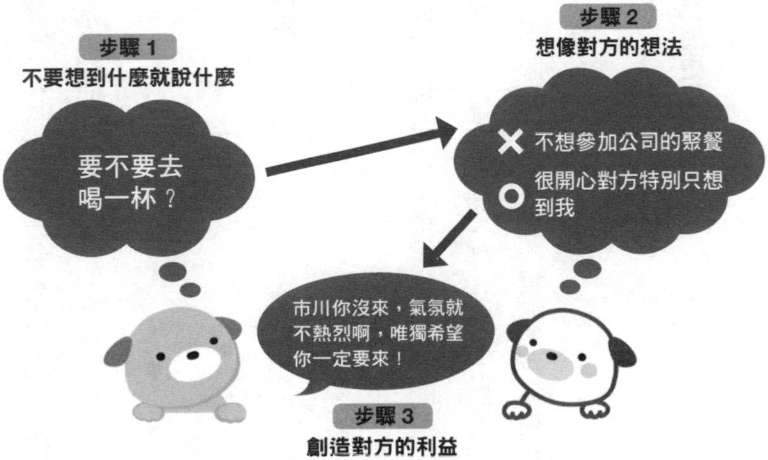
步驟 1
不要想到什麼就說什麼
要不要去
喝一杯？
步驟 2
想像對方的想法
✕ 不想參加公司的聚餐
○ 很開心對方特別只想到我
市川你沒來，氣氛就不熱烈啊，唯獨希望你一定要來！
步驟 3
創造對方的利益

增。人們都喜歡「非你莫屬」的特別感。當有人這麼對你說的時候，你就會感受到唯我獨尊的優越感，自然而然就會想要回應說話者的要求。

STORY

「非你莫屬」實例故事

讓奧客變成粉絲的電話客服表達法

我身上的3C產品，從手機到筆電全都是用A公司的產品。

不過，這類精密電子產品若隨身攜帶、使用，有時就是會不靈光。遇到這種狀況時，一般的做法就是聯絡客戶服務中心，有時還能免費更換新品。而A公司的客戶服務中心在發生這種狀況時不是說：

「那麼，由我們這邊為您更換新品。」

能夠免費換新就已經夠讓人感謝了，但Ａ公司卻是這麼說的：

「我們特別只為愛用本公司產品的佐佐木先生免費更換新品。」

當有人對你這麼說時，當然很開心啊。儘管原本聯絡客戶服務中心的客訴內容是產品故障，但客服人員這麼一說，反而讓客戶有一種「享有禮遇」的正面感受，覺得只有自己賺到了。不禁認為：「哇！Ａ公司果然很不錯！」

老實說，我以前還真的以為只有我受到Ａ公司客戶服務中心人員的厚待，享有專屬的禮遇。這正是「非你莫屬」切入點發揮效果的緣故。

✕ **「那麼，由我們這邊為您更換新品」**

想像對方的想法

○ **「我們特別只為愛用本公司產品的佐佐木先生免費更換新品。」**

直到某一天，我和朋友說起A公司對我的特別待遇。沒想到朋友說……

「他們也是這麼對我說，然後免費替我換了新品啊！」

我心想：「咦，真的嗎？」然後上網查了一下，才發現客戶服務中心對所有人似乎都是一樣的處理方式。也在網路意見中發現了「A公司的服務實在太棒！」的回饋。

現今，這樣正面的評價正不斷地透過網路擴散。但同樣地，負面評價也會如此擴散開來。

我認為，所有企業應該都要像A公司一樣，更嚴肅地致力於與消費者的溝通。即便提供同樣功能的產品，溝通方式、表達方法都會影響到企業的好感度與銷售額。

為了銷售，廣告固然重要，但業務人員與客戶服務中心的溝通能力也同樣重要。

STORY

「非你莫屬」實例故事

終極問題——「工作和我誰比較重要」的正確答案

女友情緒整個大爆炸了。

這也難怪。任職於製造業的永井宏（假名），別說是平日了，連週末都在工作。偶爾和女朋友見一次面時，也都處於疲憊狀態。有時候甚至覺得「這樣根本跟沒在交往一樣。」然後，這一天終究還是來了。在兩人約好要一起晚餐的星期五晚上。永井突然有個無論如何都無法抽身的會議，約會不得已在最後一刻取消。

兩人只好改成隔天的星期六一起午餐。餐桌上飄散著一股連餐廳服務生都不敢靠近的緊繃氣氛，不知道是不是心理作用，連杯子裡的水似乎都在顫抖。女朋友終於說出了那句話。

「工作和我誰比較重要？」

如果此時永井回答：

「對不起。我也不想一直都在工作啊！」

他就完全出局了。女朋友一定會氣到爆血管，甚至杯子裡的水大概也會隨之噴濺出來吧。

「對不起。但比起任何人，唯獨不希望優子妳會這麼想。真的對不起，我自己都覺得丟臉。」

意想不到的暖心回答……永井可以感受到女朋友慢慢氣消了。而且還稍微反省了一下，心想：「我是不是說得太過分了？他也是拚命地在工作啊！」知道永井把自己看得很重要，甚至覺得自己比以前更愛他了。

永井的一句話，把危機在「最後〇．一公分的地方逆轉」。這絕對不只是他看準女友的心理，隨口說說的說詞而已，而是他打從心裡湧上的感觸。而這樣的說法正是切入點「非你莫屬」。

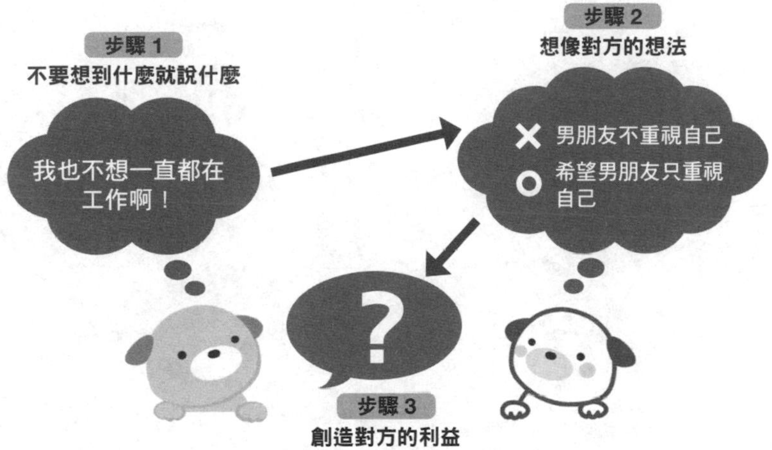
步驟 1
不要想到什麼就說什麼
我也不想一直都在工作啊！
步驟 2
想像對方的想法
✕ 男朋友不重視自己
○ 希望男朋友只重視自己
?
步驟 3
創造對方的利益

答案 **「唯獨不希望優子妳會這麼想。真的對不起。」**

運用「非你莫屬」的切入點，
能讓對方產生一種只有自己
被選上的優越感，
也比較願意聽從說話者的意見。

團隊合作

——有人對你說「一起吧」這件事本身就令人開心

假如朋友對你說：

「你來做聚餐的召集人吧！」

你一定會覺得很麻煩，會覺得「那你自己幹麼不做」，對吧。但如果對方這樣說：

「要不要一起當聚餐的召集人？」

相比之下，這麼說就會讓人比較想幫忙。當別人拜託你「一起」的時候，不但不會覺得討厭，反而會覺得有點開心。這就是表達法的切入點之一：「團隊合作」。

「要不要一起？」

當別人這麼對你說時，不管是做什麼，光是這句話都足以讓人開心。當女性朋友之間說「要不要一起去廁所？」時，就算並沒有想上也會一塊去。男性朋友之間也一樣，當有人問「要不要一起去便利商店？」就算沒有想買的東西，也會不由自主地就一起去了。

人類在本能上，本來就喜歡與別人一起做些什麼。運用人類的這個本能，就算平常覺得麻煩的事，對方也比較願意幫忙。

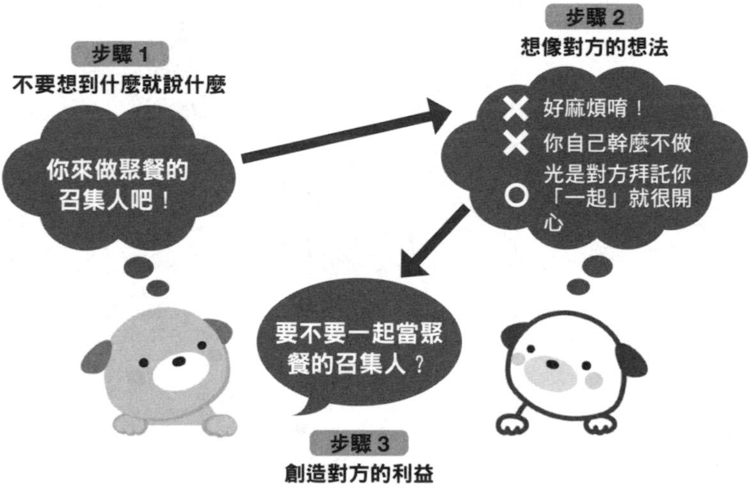
步驟 1
不要想到什麼就說什麼
你來做聚餐的召集人吧！
步驟 2
想像對方的想法
✕ 好麻煩唷！
✕ 你自己幹麼不做
○ 光是對方拜託你「一起」就很開心
要不要一起當聚餐的召集人？
步驟 3
創造對方的利益

STORY

「團隊合作」實例故事

DJ Police 完美整頓澀谷混亂狀態的表達方法

二〇一三年六月四日。

那一天，澀谷的十字路口異常熱鬧。在世界盃足球預賽中以〇比一敗陣的日本隊，在傷停時間快結束前，由本田圭佑選手在ＰＫ時成功得分，順利取得前往巴西參加世界盃的入場券。這過於戲劇化的發展，讓在澀谷周邊一邊喝酒一邊觀賞球賽的年輕人們異常興奮，開始往澀谷站前全開放式的十字路口集結。數量驚人的群眾穿越馬路，不斷和陌生人「摩肩擦踵」而過，眼看群眾人數愈來愈多，開始陷入了混亂狀態。在場負責維持秩序的警察，平時的話一般都會這麼說：

「請不要跨越車道!!請遵守交通規則!!」

但這樣的提醒、呼籲，對於沉浸於取得世界盃參賽資格和酒精，而陷入亢奮狀態的球迷來說，想必是聽不進去的。不過，當天的警察不一樣。這位後來被暱稱為DJ Police的警官，對球迷們這麼廣播：

「各位眼前板著一張臉的警察們，也很開心日本隊可以出戰世界盃。」

「無論是警察或各位都是隊友，請聽聽隊友說的話。」

沒想到在他說完這句話後，現場響起了來自球迷的掌聲。因為，他抓住了球迷們的心。

「對啊！我們都是隊友啊！那一定得聽隊友的話。日本隊能夠出戰世界盃就是因為出色的團隊合作……」

年輕人一定是這麼覺得的。這個情境裡

Source：時事

運用的是表達法祕方中的「團隊合作」。現場甚至還響起了「警官歡呼」。那個晚上，澀谷站前的十字路口雖然異常熱鬧，但卻秩序良好，沒有一個人受傷。

後來，DJ Police還獲得了「警示總監獎」。這個獎項通常是頒發給在千鈞一髮之際救助性命、創下豐功偉績的人，是一項極高的榮譽。據說，這也是史上第一次有人因為「疏導交通」而得獎。

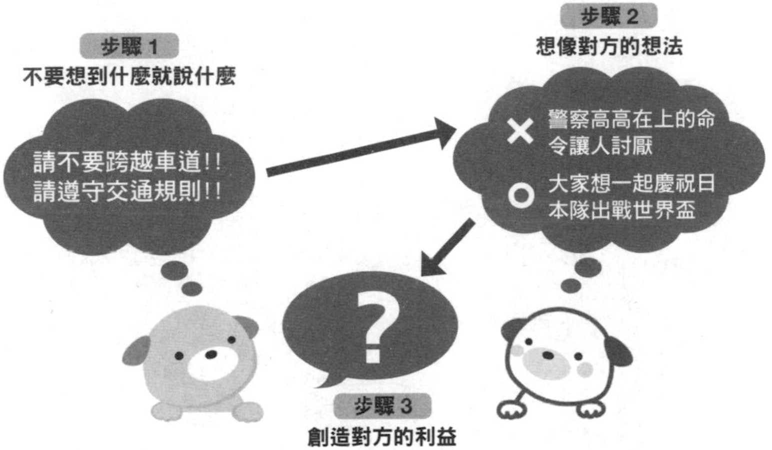
步驟 1
不要想到什麼就說什麼
請不要跨越車道!!
請遵守交通規則!!
步驟 2
想像對方的想法
✕ 警察高高在上的命令讓人討厭
○ 大家想一起慶祝日本隊出戰世界盃
?
步驟 3
創造對方的利益

答案 **「無論是警察或各位都是隊友，請聽聽隊友說的話。」**

STORY

「團隊合作」實例故事

女兒的一句話，讓從不運動的父親動了起來

橋田步美（假名）每當和大學的朋友說到「我和爸爸感情很好」時，對方的反應都是「真是少見！」步美覺得爸爸很溫柔，大部分的時候都願意聽自己的話。唯獨有一點就是怎麼都聽不進去，那就是，以前爸爸有運動的習慣，但現在每天只有往返於家裡和公司之間的運動量，連公司的健康檢查也只拿到C的評等。

「老爸！動一動吧！」

媽媽和步美都很擔心爸爸的身體，常常這麼對他說。但爸爸就是不動如山。大概是覺得到了這個地步還談運動，實在太麻煩，也完全沒有幹勁。某天，步美偶然得知「表達法祕方」，決定死馬當活馬醫地試用看看。

「我晚上想去夜跑，但一個人有點害怕，老爸你陪我一起跑好不好？」

……此刻大山終於鬆動了。爸爸聽了之後，抓了抓頭，但終於答應和女兒一起去跑步。

這個說法同時結合了「趨吉避凶」與「團體合作」的技巧。不希望女兒遭受危險的心情，以及女兒提出「一起」的邀約，終於讓爸爸勉為其難願意試試看。

一起跑了三次之後，爸爸甚至開口問步美：「妳看老爸有沒有瘦了一點？」這就是「力求認同」的心情，步美趕緊說：「有啊！瘦好多唷！」這又讓爸爸更滿足了。另一方面，步美自己也瘦了兩公斤，雙下巴也都不見了。這真是令人開心的意外收穫。

✕ **「老爸！動一動吧！」**

想像對方的想法

○ **「我晚上想去夜跑，但一個人有點害怕，老爸你陪我一起跑好不好？」**

運用「團隊合作」的切入點，
能孕育出夥伴意識，
甚至讓對方願意答應麻煩的請託。

感恩的心

——只是一句「謝謝」，就讓你更靠近對方，讓對方更不容易說「NO」

比方說，本來不是自己的分內工作，但前輩說：

「搬一下這張桌子！」

一般都會覺得「好麻煩唷！」「為什麼是我？」。但這種時候，如果前輩的說法是：

「麻煩搬一下這張桌子。謝謝唷！」

你就比較樂意動起來吧。這背後的祕密，就在於「謝謝」這句話。人在事前聽到對方說「謝謝」，就會瞬間產生些微的信賴關係。於是，就變得不好拒絕。這就是表達法的切入點之一：「感恩的心」。重點就在於說「謝謝」的時機點，要在做出請託之後馬上說「謝謝」。因為一般來說，我們都是對方做了些什麼之後才說「謝謝」。

所以這個「表達法祕方」的技巧就是，做出請託的同時，在對方什麼都還沒做的狀態下，就先說「謝謝」。

這個切入點，也可以用心理學上的「互惠原則」（reciprocity principle，禮尚往來）來說明，也就是「當接受到別人的好意時，自然會產生想要報答對方的心情」。

當對方說出「謝謝」的瞬間，就讓你的心情與對方更貼近。

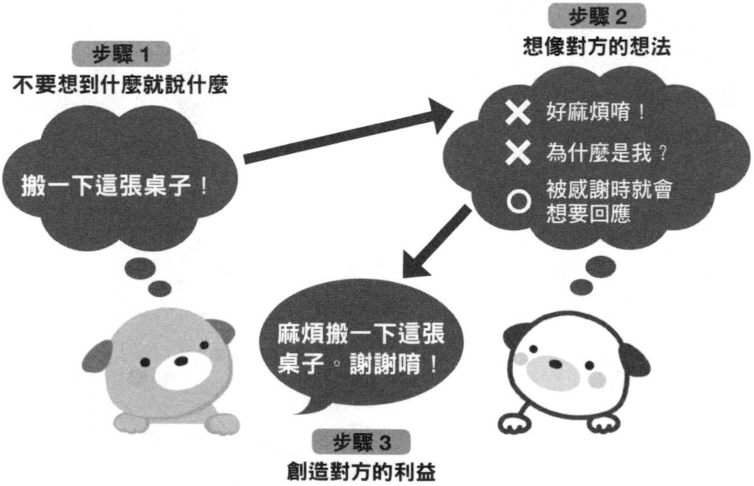
步驟 1
不要想到什麼就說什麼
搬一下這張桌子！
步驟 2
想像對方的想法
✕ 好麻煩唷！
✕ 為什麼是我？
○ 被感謝時就會想要回應
麻煩搬一下這張桌子。謝謝唷！
步驟 3
創造對方的利益

「請幫我把行李搬到二樓。謝謝！」
「請幫我丟垃圾。謝謝！」
「請在明天之前回信。謝謝！」

運用方法如上，是非常簡單的祕方。雖然是適用於任何人的祕方，**但在平時不說「謝謝」的關係上，能發揮更大的效果**。譬如，或許因為太過親近的緣故，很多人都不會向自己的家人說「謝謝」。但是，請更要對這樣的對象運用「感恩的心」祕方，家人間的笑容會意想不到的增加唷。

STORY

「感恩的心」實例故事

一句話讓愛殺價的人乖乖用定價購買

河瀨和幸先生是傳說中的王牌銷售員。那天，他以展示銷售幫手的身分，站在店頭的後方。新手銷售員的演出，讓人群漸漸聚集，也開始賣出商品。

此時，以「殺價達人」聞名的一位客人出現在攤位前。他看了新手銷售員的展示解說之後，想要購買該產品，二話不說就開始殺價。但由於這一天的銷售活動本來就設定不接受殺價的，於是新手銷售員對客人說：

「不好意思，我們沒辦法降價賣。」

這名殺價達人四處征戰無往不利，當然不接受這樣的說法。他指出商品上微乎其微的印刷瑕疵，試圖以各種理由來殺價。新手銷售員一臉傷腦筋的表情。此時，一直在後方觀察的河瀨先生，一個箭步上前。他換下了新手銷售員，重新說明商品的優點。然後把手放進口袋裡，再把手伸出來，把捧在手心裡的「看不見的東西」，小心翼翼地放在商品上。「什麼？什麼東西？」圍觀的客人全都湊上前來。河瀨先生開口了：

「如果加上了我的真心夠不夠呢？感謝您！」

聽到這句話，殺價達人不禁笑著說：「這位仁兄真是有趣！有趣啊！」結果就真的用定價買下商品回家了。

這就是運用了表達法切入點的「感恩的心」。基本原則就是，在請託之後馬上說出「謝謝」，但河瀨先生還加上了把真心捧在手心裡的演出。身為客人，或許也覺得好像賺到了什麼吧。這無疑就是「感恩的心」超越金錢的瞬間。

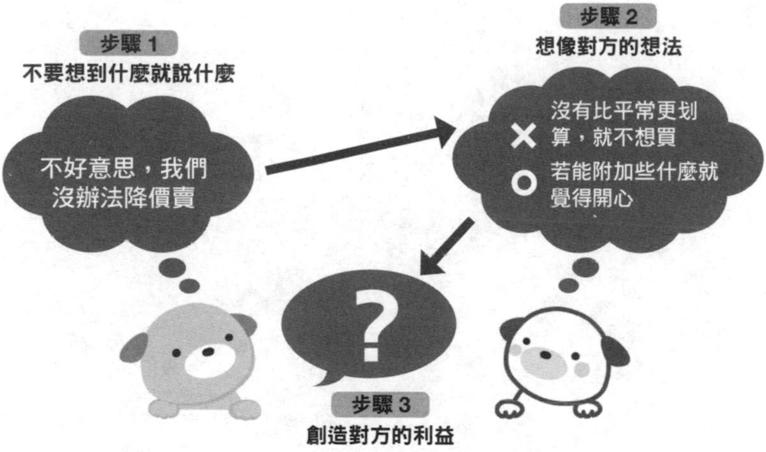
步驟 1
不要想到什麼就說什麼
不好意思，我們沒辦法降價賣
步驟 2
想像對方的想法
✕ 沒有比平常更划算，就不想買
○ 若能附加些什麼就覺得開心
?
步驟 3
創造對方的利益

答案 「如果加上了我的真心夠不夠呢？感謝您！」

運用「感恩的心」的切入點，
能孕育出些微的信賴關係，
也讓對方不好輕易地拒絕。

第1章 總結

①運用「投其所好」的切入點，
不但可以博得好感，還能讓事情照自己的期望進行。
②運用「趨吉避凶」的切入點，
能夠發揮強烈的強制力。這是表達法中，最後的手段。
③運用「任君選擇」的切入點，
能誘導對方在不覺得被強迫的狀態下做出選擇。
④運用「力求認同」的切入點，
能讓再強的對手都會想要回應你的期待。
⑤運用「非你莫屬」的切入點，
能讓對方產生一種只有自己被選上的優越感，
也比較願意聽從說話者的意見。
⑥運用「團隊合作」的切入點，
能孕育出夥伴意識，甚至讓對方願意答應麻煩的請託。
⑦運用「感恩的心」的切入點，
能孕育出些微的信賴關係，也讓對方不好輕易地拒絕。

實況演練 1

「九成都靠表達力講座」

把「NO」變成「YES」的技巧

歡迎各位來到九成都靠表達力講座。

我是佐佐木圭一，請多多指教。

廢話不多說，就讓我們來實際運用表達法的祕方。

為了掌握、熟悉祕方，實際運用是最快的方法。

那麼，我們馬上進入正題，課題如下。

實際思考時就會發現，其實意外地簡單。

課題　想約對方吃飯

你有一個喜歡的人。
想要約她去吃飯，但對方好像常常有人約，
而讓你裹足不前。
要說什麼才約得到她呢？

我很喜歡這個課題。因為，這很有可能讓各位當中的誰，人生有了一百八十度的大轉變（笑）。男女要親近的第一步，就是一起吃飯。但邀約的說法卻很難。

「那個～要不要一起吃個飯？」

比起像這樣直來直往，運用表達法祕方，能讓成功的可能性大幅提高唷。

那麼，讓我們來想想。

步驟1，這裡也是一樣的道理，千萬不可以想到什麼就說什麼。

步驟2，想像對方的想法。

比方說，

「有很多人約」

「喜歡美食」

「想去一些平常很少有機會去的地方」

我們就假設對方是這樣的人好了。

基於這樣的前提，我們來思考一下步驟3。

就是提出符合對方利益的請求。

準備好了嗎？

預備，起！

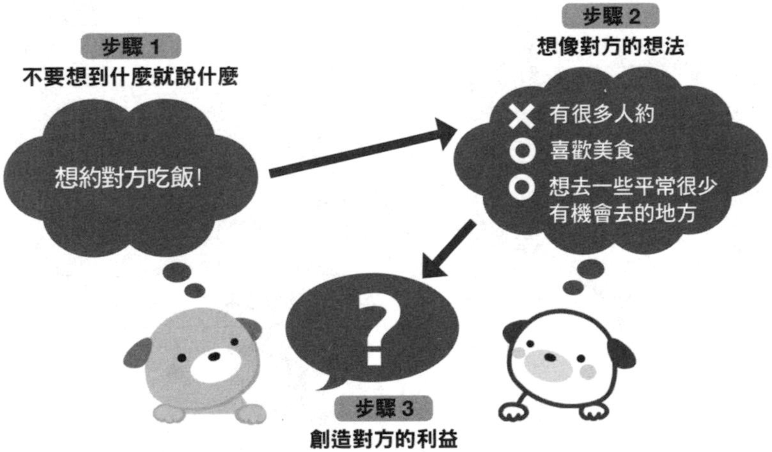

步驟 1
不要想到什麼就說什麼
想約對方吃飯！
步驟 2
想像對方的想法
✕ 有很多人約
○ 喜歡美食
○ 想去一些平常很少有機會去的地方
?
步驟 3
創造對方的利益

讓對方改口說「YES」的「七個切入點」

❶ 投其所好
×「不好意思，這件襯衫只剩下現貨了」
○「這一件賣得很好，只剩最後一件了」

❷ 趨吉避凶
×「請勿觸摸展品」
○「展品表面塗有藥劑，請勿觸摸」

❸ 任君選擇
×「要來點甜點嗎？」
○「芒果布丁和抹茶冰淇淋，請問要哪一種呢？」

❹ 力求認同
×「至少擦個窗吧！」
○「你比較搆得到高的地方，一定能把窗子擦得亮晶晶的，能請你幫忙嗎？」

❺ 非你莫屬
×「要不要去喝一杯？」
○「唯獨希望你一定要來！」

❻ 團隊合作
×「你來做聚餐的召集人吧！」
○「要不要一起當聚餐的召集人？」

❼ 感恩的心
×「搬一下這張桌子！」
○「麻煩搬一下這張桌子。謝謝唷！」

提示就在「七個切入點」裡。

無論運用哪一個切入點都無妨。

試著寫出幾個，然後從中挑出一個看起來最容易說動對方的切入點即可。

那麼，接下來就請大家發表。出口先生。

出口：「是，在這。我選擇了投其所好，**擬定了說法①**」

原來如此。

這是為了讓對方有一種「想去！」的感覺，對吧。

不過，要注意一點。

你說你運用了「投其所好」，但您「常去

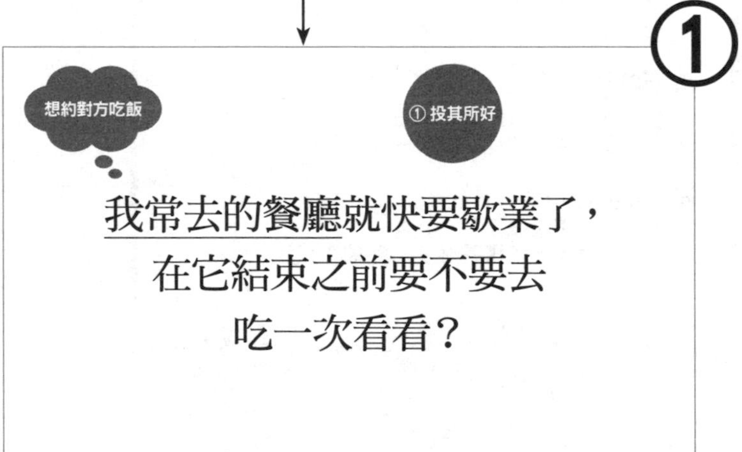

①
想約對方吃飯
① 投其所好
我常去的餐廳就快要歇業了，
在它結束之前要不要去
吃一次看看？

的餐廳」對方會有多喜歡，這一點還滿讓人擔心的。

不如更明快地，直接選擇「對方的喜好」如何呢？

譬如，像**說法②一樣**。

出口：「哇~真的耶。這種說法好像會讓對方更想來！」

思考對方喜歡什麼，而不是自己喜歡什麼，答案自然就會浮現。

相信各位也理解，這比起單刀直入地說「請和我吃飯」，成功的可能性更高了吧。

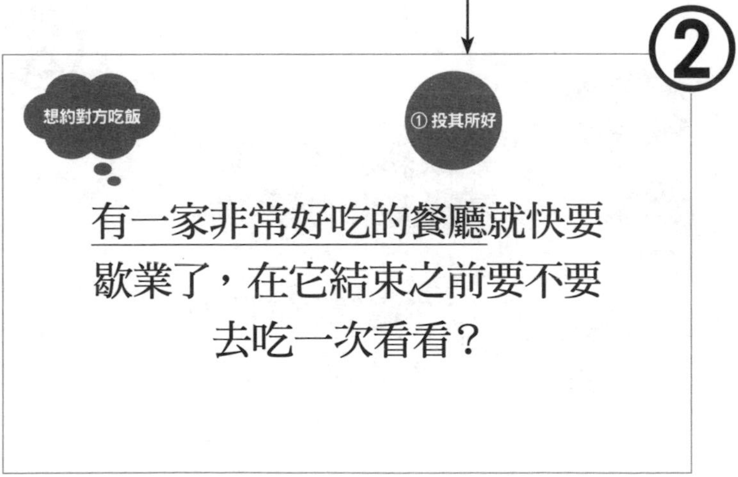
②
想約對方吃飯
① 投其所好
有一家非常好吃的餐廳就快要歇業了，在它結束之前要不要去吃一次看看？

接下來，請松井先生來發表。

松井：「是，我試著寫了**說法③**」

這個說法很好！

要是我也會想去。好。

這個說法同時運用了兩個「投其所好」的切入點。

對於對方想去一些平常很少有機會去的地方來說，無論是「新開的鬆餅店」，或是「現在還算好訂位的店」，應該都是吸引力十足。

我發現了令人感動的店！

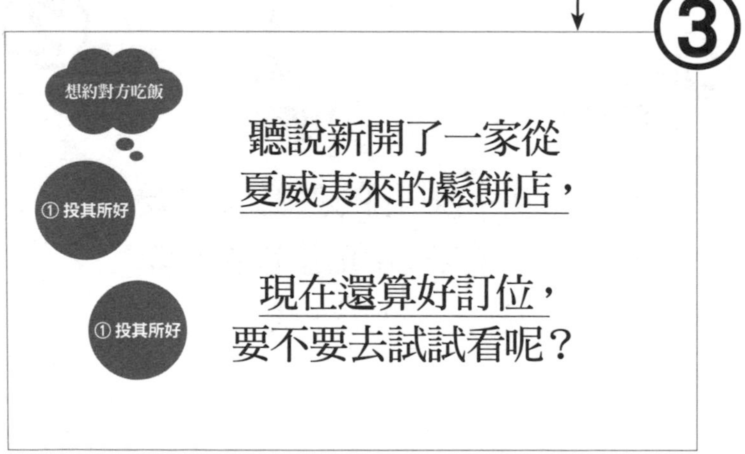
③
想約對方吃飯
① 投其所好
聽說新開了一家從
夏威夷來的鬆餅店，
① 投其所好
現在還算好訂位，
要不要去試試看呢？

這個課題，我自己的答案是**說法**④。

這裡運用了「投其所好」與「任君選擇」這兩個切入點。

就算是很難說出「YES」的事，當有人提出兩個以上的選項，問你「哪一個好？」時，人自然而然就是會做出選擇。

選餐廳的時候，請選出兩個「對方」可能會想去的地方，而不是「自己」想去的地方。

在這裡，我想到對方「想去一些平常很少有機會去的地方」，所以提出了「太空食物」和「營養午餐」的餐廳。

當然，這也不保證對方百分之百就會答應，但比起直接說：「那個～下次要不要去吃

④

太空食物的餐廳和
營養午餐的餐廳，
要不要去其中一家試試？

個飯？」更大幅提高了成功的可能性。

最後，我總結一下重點。

人們總是很容易一不小心「想到什麼」就脫口而出，但有時結果反而事與願違。所以，**關於重要的請託，請一定要先「想像對方的想法」後，再說出口。**

接下來的課題是這個。

重點

想到什麼**就直接說出口，對方不可能就乖乖地按你的心意行動。**

想像對方的想法後，再說出口。

課題 希望部屬詳實報告

你的部屬村山，
他報告的內容總是非常的模稜兩可。
要怎麼說，才能讓村山詳實地向你報告呢？

身為主管雖然想事先知道部屬採取什麼樣的「行動」，但部屬往往會因為覺得麻煩，或是不想被管，而不願意好好地報告。

請思考一下，要怎麼表達才能讓部屬村山願意主動向你報告。

預備，起！

那麼，接下來請大家來發表一下自己的想法。德永先生。

德永：「是。我實際上的做法是像**說法⑤**一樣。」

謝謝。

這裡用的是「趨吉避凶」的切入點。

的確，這麼說會讓村山有一種「不好好報告就慘了……」的感覺。

不過，如果是我，會把「趨吉避凶」做為最後的手段，盡量不用。

⑤

希望部屬詳實報告

② 趨吉避凶

若你不詳實地報告，
有什麼差錯時，
就是你自己的責任唷。

德永：「最後的手段？」

沒錯。「趨吉避凶」的切入點確實強而有力，是能驅動對方的表達方法。但這是唯一不「正面」的切入點。

如果是我，即便是同樣的內容，我會試著用別的切入點來表達。

譬如，像**說法**⑥這樣。

這裡用的是「投其所好」的切入點。

其他如「力求認同」、「感恩的心」，或許也都很好發揮。

會把「趨吉避凶」視為最後手段，是因為在表達時，希望對方是積極地選擇「自己主動

⑥

希望部屬詳實報告

人總是會有失誤，
所以事前至少要
詳實地向我報告，
萬一有什麼突發狀況，我也
好做後續的協助處理。

① 投其所好

想做而去做」，遠勝過消極地選擇「因為會被罵所以去做」。

但如果對方還是屢勸不聽，我就會採用「趨吉避凶」的切入點。

關於這個課題，我的答案是**說法⑦**。

這裡運用的是「投其所好」與「力求認同」這兩個切入點。

若是直接說「希望你能詳實報告」，對方往往會覺得真是麻煩……

另一方面，採用這樣的說

⑦

希望部屬詳實報告

① 投其所好

我是想提高你的考績唷！

④ 力求認同

如果你能好好地
報告工作進度，
我也比較容易給出好的考績。

法時，對方就會自然而然萌生想要主動報告的心情。

德永：「那個，在剛剛的課題時我也在想，能同時用兩個以上的切入點嗎？」

是的。

不管用幾個都行。

實際上，同時搭配好幾個切入點的效果，比只用一個切入點來得好。

德永：「我還有一個問題。我們現在像這樣以參考範例為基礎來思考、擬定說法，但一遇到緊急狀況往往就會忘了。這該怎麼辦才好？」

這真是個好問題。關於這一點，有個好辦法。

首先，請先在電子郵件或臉書等文本上練習。

一般，很難貿然就在面對面的狀況下運用「表達法祕方」。但若是前述文本上，由於可以思考過後再傳送出去，正是最為理想的練習環境。

在有意識地運用與練習之下，久而久之在面對面的場合也就能夠運用自如了。

那麼，讓我來總結一下重點。

「投其所好」與「力求認同」，這兩個切入點是商務場合上的基本招式。能在與對方建立良好關係的同時，讓事態往自己期望的方向發展。

說到商務，或許給人一種比較公事公辦與冰冷的印象，但愈是工作上的關係，能否想像對方的想法，就愈顯重要。

重點

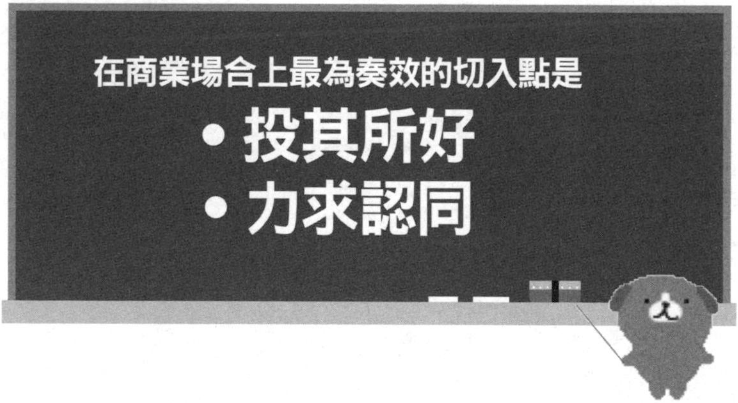
在商業場合上最為奏效的切入點是
• 投其所好
• 力求認同

不妨試著注意一下你身邊工作能力強的人，他們的表達方法。
應該有很高的機率，都能發現他們同時使用這兩個祕方才是。

那麼，接下來是最後的課題：
面對上司時的表達法，
可以用這個唷！

課題

希望尋求上司的建議

你為了工作上的事十分苦惱，但上司遠山先生很忙，總是抽不出時間來見你。

要說些什麼，才能讓上司抽出時間來和你聊聊呢？

有些上司總是看起來很忙，讓人很難上前搭話。

也有一些人，和上司的關係就是不太好。

實際上，常常有人向我請教該如何解決這一類的煩惱。

就讓我們來一起思考一下該怎麼說才好。

還有，請思考該怎麼說才能讓上司自己願意抽出時間來和你談談，而不是有話直說。

預備，起！

那麼，接下來請大家發表一下自己的想法。增田先生。

增田：「是。我運用的是如**說法**⑧的非你莫屬。」

很不錯呢。

這麼一說，上司的確也會想要抽點時間和你聊聊。

「有一個案子已經在最後決定的關鍵時刻」的說法，正確說來應該是屬於「投其所好」。

但這裡既然用了「非你莫屬」，不妨讓它

⑧

有一個案子已經在最後決定的關鍵時刻了。我想請教遠山先生您的意見。

變得更好懂一些。

譬如這樣：

在**說法**⑨裡，加入了「尤其是遠山先生」，更能傳達出「不是別人，只有遠山先生」的意圖，且更容易激發對方想要動起來的心情。

人在感受到「自己受到特別待遇」時，都會想要回應對方。

增田：「其實我也有一個不知該如何與他相處的上司。」

原來如此。我想，每個人都會遇到一些不知

⑨

希望尋求上司的建議

⑤ 非你莫屬

有一個案子已經在
最後決定的關鍵時刻了。
我想請教尤其是
遠山先生您的意見。

道如何相處的人。

增田先生，你曾經想過這位上司在想什麼嗎？

增田：「啊~可能沒有。」

對吧。

所謂不知如何相處的人，多半都是你不曾想像過對方想法的人。

溝通的基礎就在於「你能想像對方的想法到什麼程度」。

不知如何與之相處的上司，當你開始能夠想像他在想什麼之後，關係就會慢慢地變好唷。

這個課題，我的建議答案是**說法⑩**。

⑩

希望尋求
上司的建議

我想努力
更接近遠山先生一點。
能給我一些建議嗎？

④ 力求認同

這裡運用的是「力求認同」的切入點。
實際上，無論哪個上司都一樣也會感到不安。
他們常常在想：「部屬真的信任我嗎？」

我還碰過這樣的事。
有幸和某位上市公司的知名社長聊天時，這位社長說到：

「我其實很不安，擔心員工們是不是真的信任我。」

我大吃一驚。連這麼有名的社長，都還會憂心「不知道部屬是怎麼想的……」
所以，「是否受到部屬信賴？」是每個上司都會擔憂的問題。

最後，我總結一下重點。
就算是社長、部長、課長、現場主管，**只要是有部屬的人都會不安。而上司會更想**

要**「力求認同」**。

但絕大多數的部屬都不知道這件事。

所以，大家請溫柔地包容你的上司，告訴他們：

「我信任你。」

「我想向前輩學習。」

如此一來，上司也會想要替你加油，與上司的關係當然也就會變好。

說到「力求認同」，往往容易覺得是上司對下屬，但其實這個切入點在下屬對上司的溝通上，也非常有效。

重點

④ 力求認同

上司也想「力求認同」

部屬透過把話說出口，無論彼此的關係或工作都會更為順利。

專　欄

檢查你的「表達程度」②

有一個問題可以立刻辨識出你在「溝通上有沒有吃虧？」請用「YES」、「NO」來回答。

Q.「你記得今天和誰說過『謝謝』嗎？」

比方說，你在便利商店裡，接收店員遞來的東西時，你所說的「謝謝」也行。

你今天向誰說「謝謝」了嗎？記得有說過的人還算好，不記得的人，你在溝通上吃虧的可能性很高！

人們平均一天會說三十一次的「謝謝」。「謝謝」這句話能拉近我們與對方的距離。

「麻煩幫我搬一下這個行李。謝謝！」

當你這麼一感謝時，對方就比較不容易覺得厭煩，也比較容易為你行動。

如果在每天多達三十一次的機會裡，都能說出「謝謝」，這就是成為表達力達人的第一步。很簡單，就只要說「謝謝」而已。

第2章

完全掌握！打造「強力話術」的技巧

——讓你的電子郵件、臉書都深得人心！企劃書更吸睛！演說更感人！

照著祕方做，就能打造出感動人心的話語

——就算不是天才，也能按照步驟打造出「強力話術」

這原理正好和做菜是一樣的。

假設你吃到了一道極其美味的菜餚。但這也並非是用魔法做成，因為每一道菜都有祕方。

或許你的廚藝無法媲美專業廚師，但只要有祕方，你就能端出一道「在家裡也能享用的專業口味」。只是知道祕方，你的手藝就能大幅精進。即便是簡單的炒飯，只要知道了要把配料「切得和飯粒一樣細」的訣竅後，炒出來的飯就能口齒留香，米飯與配料的美味也能相得益彰。明明是同樣的食材，只是改變了切法，味道就截然不同。

如果要靠自己獨力從零開始研究，直到探索出專業口味，或許得花上數十年的時

間。但如果有專家直接傳授的祕方，今天在現場就能素人上菜了。

就如同做菜有祕方一樣，表達方法也有祕方。在此，我就把自己與語言打交道長達十八年，在不斷反覆摸索後總結出的祕方，以及收集到的經典故事，介紹給大家。

能打動人心的人物，一定都具備「強力話術」

——無論古今中外，成大事者的共通點

「就算討厭我，也請不要討厭ＡＫＢ！」

說到前田敦子從ＡＫＢ４８畢業時所說的名言，應該無人不曉吧。這句話反應出來自於站在中央位置必須帶領團體的壓力，以及身為第一才會遭受到的攻擊。

「不是我的髮際線在後退，而是我一直在前進。」

這是孫正義先生在推特上，針對「孫正義髮際線後退的狀況可真不是蓋的」的推文所做出的回應。內容正反映出，他一直走在第一線所以才能這麼說，以及他出眾的幽默感。相信有很多人都是因為這句話而開始喜歡孫正義先生的。

「人生近看是悲劇，遠觀則是喜劇。」

喜劇之王卓別林所描繪的，並非單純的喜劇，而是庶民的哀愁、眼淚與社會諷刺。他說，那就把往往容易演變成悲觀的社會情勢，變成喜劇吧。

孫正義
@masason
關注中

不是我的髮際線在後退，
而是我一直在前進。

「看似毫無意義的事物背後，往往意外地饒富興味。」

這句話來自電視節目企劃、編劇鈴木收的著作《電視之淚》。身為一名幹練的製作人，鈴木收總是能瞬間讓愛鬧彆扭又為所欲為的女明星笑逐顏開、花枝亂顫，這想必是他親身體會過乍看之下徒勞無功、不厭其煩的細心照料，最終總能開花結果後，感慨萬千的一句話吧。

「平凡比超凡好。」

這句話來自藤田晉[1]的《藤田晉的工作學》一書中，針對媒體總愛報導「超凡〇〇、〇〇教主」的現象所提出的看法。藤田反而從中更意識到，且更看重的是「平凡」。在他心中，理想的公司應該是要聚集比自己優秀的人才，而不是超凡經營者的身邊聚集了被動的人才。

1 一九七三年出生，青山學院大學經營學院畢業。一九九七年二十四歲時進入 Intelligence 公司，隔年二十五歲時離職創立 Cyber Agent，二十六歲時公司在東京證券交易所新興企業市場上市，成為當時史上最年輕的上市公司董事長。

無論是歷史上的人物，或是現代的創業家，他們全都具備了強力話術。因為想要成就大事就必須有支持者，而打動人心的話語是絕對不可或缺的。

如此知名人士的經典名言，實在難以仿效。但仔細閱讀後會發現，這些名言背後其實都有共通的法則，也能仿照應用。**在此所見的歷史人物名言、創業家名言，都是由「某個共通的技巧」所構成的**。請看看從卓別林到藤田晉的名言，各位發現了嗎？

它們全都運用了「反義詞」。

「我」⇕「AKB」　「後退」⇕「前進」
「悲劇」⇕「喜劇」　「毫無意義」⇕「饒富興味」
「超凡」⇕「平凡」

因為加入反義詞的語句，會讓人留下深刻的印象。稍後也將詳細說明，這裡運用的是稱為「落差法」的表達技巧。只要發現了這個訣竅，就能打造出強力話術。容我再說一次，即使是我們，也能創造名言。

用「技巧」而非用「唯心論」拆解溝通

——若把溝通比為做菜，同樣用「祕方」來解讀，任誰都能得心應手

當你閱讀書籍或觀賞電影時，想必一定有些語句會撼動你的內心。那並不是魔法。只要知道打造動人語句的方法再加上練習，任誰都能辦到。

請試著想像一下。

你在臉書上PO文的「讚」數突然激增；你寫企劃書的能力大增，讓上司讚嘆不已；聽眾都被你的演說吸引。

有時，人們會傾向用品味或唯心論來解讀這些現象，但本書要挑戰的是，用「技巧」的面向來討論。就如同做菜有祕方一般，只要知道了「表達法祕方」，任誰都能創造出打動人心的話語。接下來，可會愈來愈有趣唷！

①「驚喜法」

——十秒完成、立即見效、基本祕方

這是在轉瞬間立即就能學會的祕方。

也是在打造「強力話術」的技巧中，最為基本的一項。只要在想要表達的內容裡加入驚喜，就能成為強力的話語。

「Yo！等等！」

這是連續劇《戀愛世代》裡，木村拓哉對著將要離開的女主角所說的一句話。「等等！」是他要表達的內容，但加入了「Yo！」之後，營造出一種獨創性，而這句話後續

也都出現在幾部不同的連續劇當中，儼然成了木村拓哉的獨門絕技。

驚爆全美！

這是在電影文宣中經常使用的說法。光是這麼一句話，就能讓觀眾好奇究竟是什麼樣的電影，並列入想看的電影清單中。這句話的正確解讀，其實是在說「全美上映」、「故事劇情直轉直下」之類的。當然，並不是所有的美國人看過之後都大吃一驚的意思。

「啊！地大吃一驚的為五郎」2

此句被稱為是「昭和三大笑哏之一」，短短一句話裡卻是驚喜滿點，包括了「啊！」與「大吃一驚」兩點。若只是「為五

2日本昭和年代電視節目「巨泉×前武的暴亂90分鐘！」當中的一個串場搞笑哏，這句話在當時蔚為風潮。這個笑哏通常用在打破尷尬的氣氛，常在自己出錯或別人出狀況的時候講出來，能讓現場氣氛變得比較融洽。相同的情況，有點像是臺灣人偶爾也會引用周星馳在電影裡的臺詞或場景，增加談話的趣味性以拉近彼此的距離感。

郎」，也不過就是個特別的名字。但透過加入驚喜的字眼，就成為跨越世代並讓人記憶猶新的名句。

「噢！心之友啊！」

多啦A夢裡的技安（胖虎）總是非常粗暴。但當有人替他的歌手夢加油時，他就會態度丕變，並說出這句話。技安說「心之友啊！」的時候，都帶點強迫的態度，再加上「噢！」之後，就成了更強而有力的一句話。

「超～划算。」

這是宜得利的廣告標語。在所謂「划算」的便宜之外，還加上了充滿驚喜感的「超～」。讓人拍案叫絕。

以上都是運用「驚喜法」的說法。

人都喜歡驚喜。遇上驚喜時，即便是同樣的內容，也讓人印象深刻。例如生日派對，即使是一般的生日派對，就已經教人開心了，若是在不知情之下祕密進行的生日派對，門一打開發現大家在等待自己入場時，感動的程度必定又飆高了好幾級。雖然生日派對的本質一樣，都是一樣的蛋糕、聚集了一樣的人，可是驚喜派對就是比較容易觸動人心。

語言也一樣。若加入了驚喜之際脫口而出的話，光是這樣都足以吸引注目。

接下來，讓我介紹一下這個驚喜法的祕方。

①決定要表達的話

②加入適合的驚喜字眼

就這兩個步驟而已。

舉例來說，讓我們試著用驚喜法來描述一下「大章魚燒」。

①決定要表達的話

↓這裡指的是**「大章魚燒」**整體。

②加入適合的驚喜字眼

↓這裡的話，不外乎就是**「哇！」**、**「嚇一跳」**、**「大吃一驚」**之類的。

Before「大章魚燒」

After「哇！大章魚燒」

哪一個比較讓人印象深刻，相信光看也都看得出來。

所謂的「驚喜字眼」，就是在驚喜法中用來表現驚喜之情的字句。譬如：

「哇！」
「啊！」
「嚇一跳！」
「對了！」

諸如此類，你在大吃一驚時會說的話。每個人大吃一驚的方式都不同，這是個人的自由。

接下來，我擬出了一份清單。各位可以直接使用，或是直接用你自己在大吃一驚時會發出的聲音。

驚喜法的做法

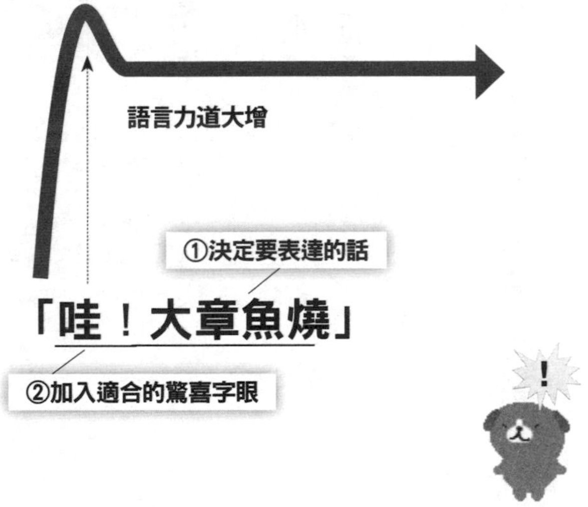

語言力道大增
①決定要表達的話
「哇！大章魚燒」
②加入適合的驚喜字眼
!

【驚喜字眼清單】

「啊！」　「噢！」
「哇！」　「欸!?」
「對了！」　「嗚哇！」
「嚇死人！」　「嚇一跳！」
「咦咦咦！」　「真假!?」
「齁齁～」　「難以置信」
「原來如此！」　「（在語尾）！」

為了能夠運用自如，接下來就請各位透過實例，一起來體驗「驚喜法」的內涵。

STORY 「驚喜法」實例故事

成為日本代表文化之一——漫畫的經典臺詞

說到魯夫的經典臺詞，應該很少人不知道吧！

日本漫畫的代表之一——《ONE PIECE》（海賊王），已經不只是一種風潮，而成為一種文化了。主角魯夫宣告要得到這世上所有的一切（當然，這是故事中的情節）。這句經典臺詞，就意義上來說就是下面這一句：

「我要成為海賊王」

就意思來說，這句話完全表達了他的抱負。但光是這樣一定無法成為名言的，實際上，他是這麼說的：

「我要成為海賊王！！！！」

這句話運用了「驚喜法」的「！」，融入了當事人的氣勢與強烈意志。**「！」是驚喜法中最基本的技巧，但「基本」往往正是強而有力的所在。**

當然，並非所有場面都適合使用。舉例來說，若在商業文書當中加入了「！！！！」，恐怕就會有點過頭。但另一方面，在以年輕人為對象的文宣或網路媒體等方面，則是非常適合。

這就是操作簡單、能夠立即見效的「驚喜法」。

驚喜法的做法

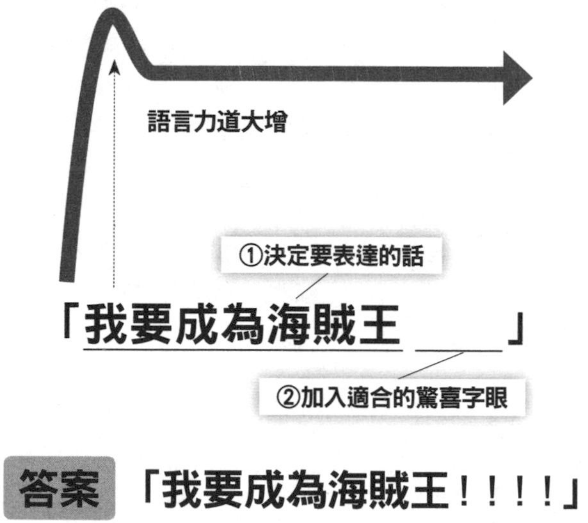
語言力道大增
①決定要表達的話
「我要成為海賊王＿＿」
②加入適合的驚喜字眼
答案
「我要成為海賊王！！！！」

STORY

「驚喜法」實例故事

讓腳踏車銷售額暴增三倍的一句話

請各位回想一下自己的童年。說到騎腳踏車，多半是加裝了輔助輪，邊哭邊練出來的吧。從事玩具開發的渡邊未來雄，打造了專為三、四歲兒童設計、適合初學者的腳踏車。他所設計的這項商品稱為「變身腳踏車」，可以把踏板拆掉變成滑步車，讓剛開始學騎腳踏車的小朋友先用腳蹬地滑行，培養平衡感。他對這項商品寄予厚望，但上市了之後……

銷售數量卻僅有年度目標的一半。商品本身無可挑剔，但「不用練習就學會騎腳踏車」的宣傳字句，卻引不起媽媽們的興趣。就在接近一年一度東京玩具展的前夕，渡邊想要力挽狂瀾，於是將宣傳文句中要表達的內容改成：

「三十分鐘就學會騎腳踏車」

而渡邊在熬夜一整晚，口中唸唸有詞之後終於完成的句子是：

「哇！短短三十分鐘就學會騎腳踏車！」

對於這個文案，媽媽們的反應明顯不同。商品原本就實力堅強，加上試乘之後，不斷有小朋友真的在三十分鐘內就學會。結果讓這項商品在玩具展裡大為暢銷，攤位前大排長龍，從早到晚無論何時排隊都得排上三個小時。在改了宣傳文案後，銷售額暴增三倍。在兒童腳踏車界裡，造成前所未有的大熱賣。

驚喜法的做法

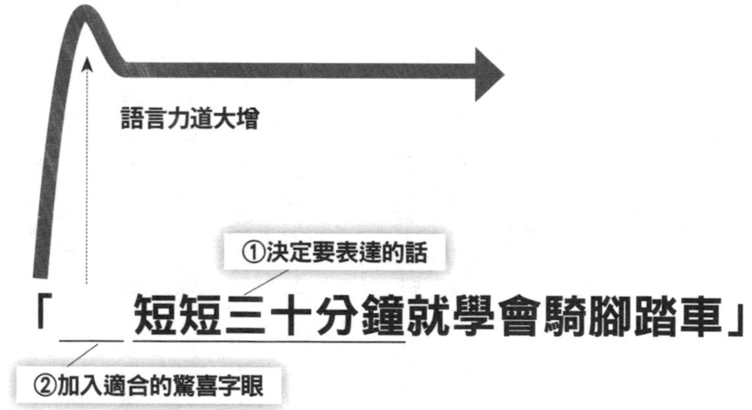

語言力道大增
①決定要表達的話
「＿＿短短三十分鐘就學會騎腳踏車」
②加入適合的驚喜字眼

答案　**「哇！短短三十分鐘就學會騎腳踏車！」**

咻～地一瞬間，
就能立即學會的祕方。
這就是「驚喜法」。

②「對比法」

——許多名言都採用此法！今天，你就能創造名言！

這是一個就算別的都忘了，唯獨希望你要記得的祕方。

在想要表達的內容之前，插入「完全相反的字眼」，就能創造出強而有力的訊息。

我的前一本書就是基於這個「對比法」而撰寫的。這個祕方就是我發現「原來話術背後藏有法則！」的開端。

廚藝不精的家庭主婦，如果偷偷學了知名餐廳的祕方，回家做給家人吃，家人一定會嚇一跳吧！同樣的效果也發生在語言上，這個祕方正是如此。

「雖然是夢，但又不是夢」

這句話出自吉卜力工作室的名作《龍貓》裡主角皐月和妹妹小梅的口中。從意義上來說，一句「但又不是夢」就足以表達，但透過插入相反意義的「雖然是夢」，就變成一句帶有奇幻想像、令人印象深刻的話語。

「最好是金牌，最差也是金牌」

這是雪梨奧運前夕，田村亮子選手在記者會上，被問及目標時所表明的決心。「最差也是金牌」已經表明了她的決心，但開頭加上「最好是金牌」，不但感動了全日本，也帶來了希望。

「天不在人之上造人，不在人之下造人」

這句話來自武士制度消失之際，福澤諭吉著書《勸學》的首篇第一句。他倡導人無上下貴賤之別，正因如此，才要藉由學習改變社會地位。「天不在人之下造人」就足以表達他所提倡的理念，但透過插入反義字句，就創造出任何人都能琅琅上口的經典名句。

「濃醇，卻又爽口」

這是改寫了啤酒市場的一句話。「SUPER“DRY”」的文案中所表達的，不僅是所謂「辛口啤酒」、[3]「超爽的純淨口感」，也兼具可說是相反口味的「濃郁香醇」，於是一躍成為業界第一。不僅在啤酒的口感上有所創新，在文字的表達上，也同樣爽快。

「美女與野獸」

這是一個王子被施了魔咒變成野獸後追尋真愛的故事。原本是法國的民間傳說，在迪士尼改編成動畫後在全世界爆紅。片名中「美女」與「野獸」這兩個天差地遠的字眼，營造出強烈的衝突感。

這些話語，全都很震撼人心。

彷彿從天而降的鳳毛麟角，只降臨在「極少數的天才」身上。我在發現之前也一直這麼想。然而，它們之間其實具有共通點，任何人都能重現再製。

每一句名言當中，都加入了語義完全相反的字眼。

「夢」⇕「不是夢」
「最好」⇕「最壞」
「人之上」⇕「人之下」
「濃醇」⇕「爽口」
「美女」⇕「野獸」

這絕非偶然。在這些字眼背後，正隱藏了打造強力話術的線索。只要組合完全相反語義的字眼，無論任何人都能打造出強力話術。**心理學中有一個與對比法相似的法則，**

3 辛口啤酒是指不帶甜味的啤酒。啤酒使用麥芽釀製而成，多少都會殘留糖分。殘留量極少的啤酒在日文中以「辛口」來表現清凜爽口、略帶刺激的口感。偏好辛口啤酒者，通常都是喜歡啤酒入口後的那一瞬間嘗到的口感愈快消失，不拖泥帶水愈好。

稱為「得失效果」（gain-loss effect）。在溝通上則可用**「若最初的評價是負面，在不經意中看到正面的表現時，評價就會驟然提升」**的原理來說明。

比起其他的祕方，對比法需要一些訣竅，但效果絕佳，可以讓你創造出個人史上前所未有的強力話術。

接下來要介紹的是對比法的做法。

①決定最想要表達的話
②思考想要表達的話的反義詞，加在前半部中
③自由填入字句連接前半與後半

就這三個步驟。

舉例來說，讓我們試著用對比法來描寫「大章魚燒」。

①決定最想要表達的話
↓這裡假設是「**大**」。

②思考想要表達的話的反義詞，加在前半部中
↓「**大**」的相反是「**小**」。

③自由填入字句連接前半與後半
↓假設我們用「**讓盤子看起來變小**」來連接文句。

Before「**大章魚燒**」
After「**讓盤子看起來變小的大章魚燒**」

對比法的做法

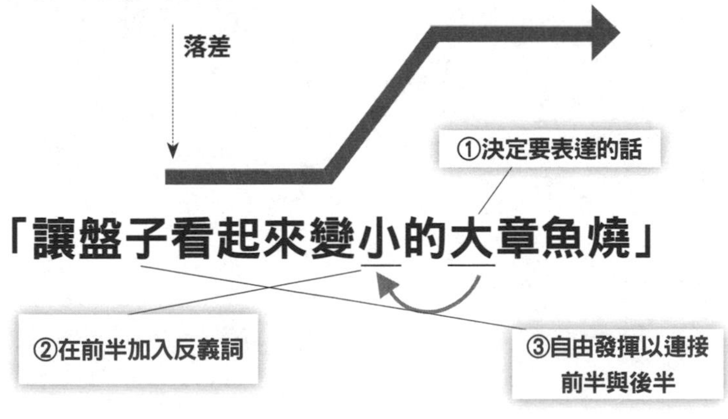
落差
①決定要表達的話
「讓盤子看起來變小的大章魚燒」
②在前半加入反義詞
③自由發揮以連接前半與後半

一看就覺得After比較厲害，對吧。

比起一帆風順戀愛，困難重重的戀愛更能燃起熊熊愛火。

比起只有加糖的紅豆餡，加了一點鹽的紅豆餡嚐起來更甜。

同樣的道理，也能運用在語言上。

為了能運用自如，接下來就請各位透過實踐故事，一起來體驗「對比法」的內涵。

STORY 「對比法」實例故事

賈伯斯讓部屬如沐春風、幹勁十足的一句話

這句話來自年輕時的賈伯斯，當時他在蘋果電腦已經擁有了自己的團隊。這個團隊想要實現的目標是，感動人心、顛覆常識。團隊成員被要求要跨越公司內外的藩籬，到處探索、提出前所未有的創意。賈伯斯用一個比喻來描述這個團隊所要追求、打破常規

的風格，他說了以下這句話：

「當海盜還比較有趣。」

這句話已經足以做為一句口號、標語，因為它的內容非常獨特。但這句話並不是這樣就結束了。賈伯斯實際說出的話更為強而有力，他說：

「與其加入海軍，當海盜還比較有趣。」

他在比喻中，加入重視紀律的「海軍」，正好與自由奔放的「海盜」完全相反。這正是所謂的「對比法」。電腦業過去所追求的，都是該如何正確、忠實地完成被交付的任務。但賈伯斯的目標卻完全相反，他追求的是感動人心、顛覆常識。

這番話激發了部屬的幹勁。讓當時規模還很小的團隊，引爆了蘋果的獨創性，逐漸發展成獨一無二的超一流企業。

對比法的做法

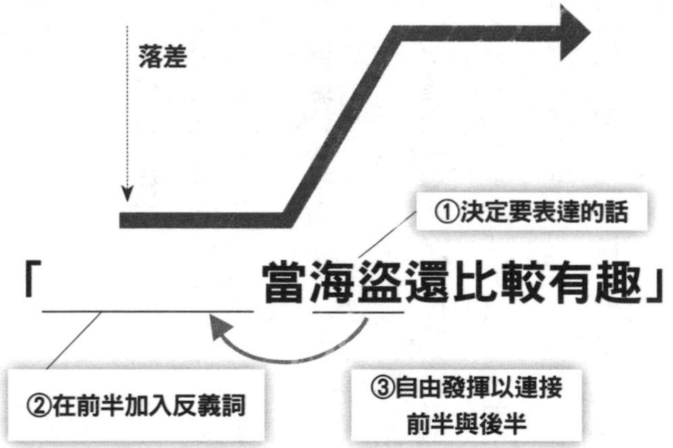
落差
①決定要表達的話
「＿＿＿＿當海盜還比較有趣」
②在前半加入反義詞
③自由發揮以連接
前半與後半

答案 「與其加入海軍，當海盜還比較有趣」

STORY 「對比法」實例故事

眾人爭相模仿、獲得流行語大賞的經典臺詞背後的祕密

連續劇《半澤直樹》中力謀對抗巨大權力發動反擊的劇情，讓人大快人心。一心一意追求晉升的上司，明明是自己的失誤，卻密謀要把責任推給半澤直樹。這是一個莫可奈何的危機狀態。面對這樣卑劣的作為，半澤直樹說他要：

「加倍奉還！」

在為數眾多的連續劇與人物當中，這句話之所以獲得日本流行語大賞，其實背後是有祕密的。當然，有一部分是因為連續劇的內容非常有趣。但不僅如此，就如同這句臺詞閃閃發亮一般，線索就藏在半澤直樹在說這句話之前必定會說的一句話。各位還記得嗎？那句話就是：

「人若犯我，我必定以牙還牙。加倍奉還！」

這句「人若犯我，我必定以牙還牙」就是由對比法所構成，組合了與「**以牙還牙**」這句話意思相反的「**人若犯我**」。後面再加上「**加倍奉還！**」更是讓人深感震撼。

這句名言並不是扮演半澤直樹的堺雅人突然靈光乍現在鏡頭前喊出來的，而是編劇思考要說出一句什麼話才能營造出連續劇的高潮，費盡心思、絞盡腦汁才想出來的。所以，強而有力的話語背後一定有跡可循。

對比法的做法

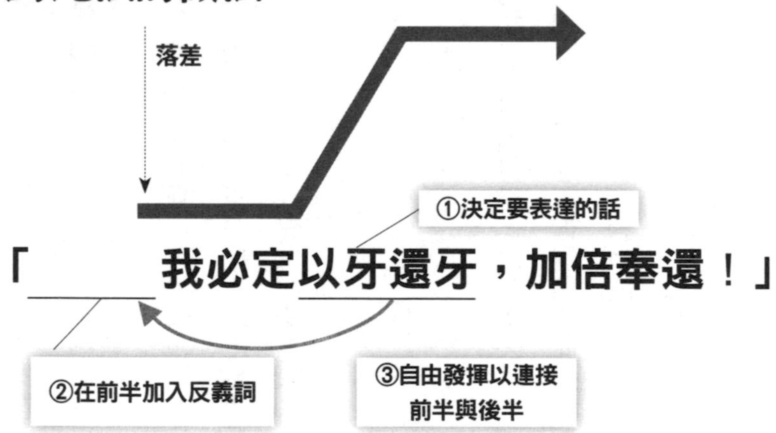
落差
①決定要表達的話
「＿＿＿我必定以牙還牙，加倍奉還！」
②在前半加入反義詞
③自由發揮以連接前半與後半

答案　**「人若犯我，我必定以牙還牙，加倍奉還！」**

有一段話我覺得非常棒。

那是德雷莎修女生前非常珍視，刻在印度孤兒院牆上的一段話。碰巧是由對比法所構成，但作者並沒有企圖運用任何「法則」，只是忠實地描繪出人類的「本質」而已。

人們經常是不講道理、自我中心。
即便如此，你還是要原諒他們。
當你展現善意時，還是有人會懷疑你的動機不良。
即便如此，你還是要友善。
當你功成名就時，你可能會遭受背叛，也會遇到一些敵人。
即便如此，你還是要取得成功。
當你誠實、率直時，人們可能還是會欺騙你。
即便如此，你還是要誠實和率直。

你勞心費時所打造的一切，可能會毀於一旦。
即便如此，你還是要不斷打造。
如果你找到了平靜和幸福，人們可能會嫉妒你。
即便如此，你還是要幸福。
你今天做的善事，明天可能就會被遺忘。
即便如此，你還是要做善事。
就算你把最好的東西給了這世界，
也許這些東西永遠都不夠。
即便如此，還是要把你最好的東西給這個世界。

德雷莎修女珍視的一段話

Source：dpa ／時事通信フォト

就算忘了其他的，
唯獨希望你要記得這個
能夠創造名言的祕方。
這就是「對比法」。

③「赤裸裸法」

——你也寫得出這麼有溫度的文字

這是一個讓你感到難為情，彷彿臉在發燙般，把自己攤在陽光下的祕方。讓你能夠打造出過去從未寫過、生動富人情味、顛倒眾生的話語。

「超爽的！」

這是北島康介選手在雅典奧運獲得金牌後，所說的一句話。賽前北島選手為受傷與身體狀態不佳所苦，勝利可說是得來不易。在抵達終點後，北島選手在水花四濺的泳池中多次吶喊，在接受訪問時終於擺脫了比賽時緊張的心情，忍不住嚎啕大哭。此時，他說：「我都起雞皮疙瘩了！」「真的超爽的！」

「你忍痛努力至今，我非常感動！」

這是前日本首相小泉純一郎在相撲力士貴乃花負傷仍取得優勝後，送給他的一句話。雖然教練多次勸貴乃花棄賽，但他仍冒著膝蓋可能從此報廢的決心背水一戰，最後終於獲勝。連觀眾都不禁感動地渾身顫抖。

「我喜歡你，喜歡到連自己都覺得莫名其妙」

這句經典臺詞，來自名作《流星花園》中道明寺對杉菜的告白。「我喜歡你」很直白，但加上了從身體內在湧現的「連自己都覺得莫名其妙」這句話後，揪心的情緒滿溢，瞬間擄獲了全世界粉絲的心。

「完治，來做愛吧!!」

這句經典臺詞來自最高收視率三二・三%，日本國民每三人當中就有一人看過，傳說中的連續劇《東京愛情故事》。主角赤名莉香個性自由奔放，雖然有點笨拙，但她毫不掩飾自己濃烈愛意的這句臺詞，格外讓人心疼。

「從沒有過一場讓人這麼興奮的比賽啊！好開心吶！我眼淚都要流出來了！」

這是日本職棒總冠軍系列賽樂天對巨人，在峰迴路轉贏得戲劇性勝利後，星野仙一教練在接受訪問時所說的話。就意思來說，他想要表達的是：「從沒有過這樣的比賽！我很開心！」但實際上脫口而出的話，更顯現出他無限的感激。這一年是樂天自球團創立以來，第一次贏得日本冠軍。

「夢想不是想出來的，是自心中湧現出來的」

這是來自傳說中的就活[4]教戰守策《絕對內定》的——作者杉村太郎[5]的一席話。他赤裸裸又滿腔熱血的話語，打動了眾多學生、社會人士的心。至今仍影響了許多人對

「該如何工作、生活」的思索。

上列幾句話都很撼動人心。

就說話者的角度來看，這些正是因為他們認真努力過，所以才能自然地脫口而出的真心話。也讓人感受到這是唯有曾經親身體驗的人，才足以為外人道、閃閃動人的熱血之言。

不過，這些話也是靠技巧創造出來的，這種技巧稱為**「赤裸裸法」**。只要按照祕方來做就能學會。

赤裸裸法是指，觀察發生在自己身體上的反應，並刻意化為言語的方法。舉例來說，若有人說：

「好吃到腦中一片空白。」

4 「就活」，即日本「就職活動」的簡稱，意指學生自畢業前開始為了求職而積極從事的一切活動。
5 杉村太郎（一九六三─二〇一一），JAPAN BUSINESS LAB 股份有限公司創辦人兼董事長。哈佛大學國際問題研究所研究員。以出版一系列指導大學生如何求職的書籍《絕對內定》而聞名，全系列作品銷售量高達一百三十萬本。

你就會覺得他一定是吃了絕世美味。這並不是在吃下美食的瞬間，因為衝擊而讓臺詞從天而降，而是按照祕方打造出來的。

而這句話又是怎麼從「好吃」這個字眼發展出來的呢？

接下來，就讓我們運用赤裸裸法來重現看看吧。

赤裸裸法就是要面對自己切身的感受，並刻意化為言語。吃了極為美味的東西時，你的身體會有什麼感覺呢？就把這些感受原原本本地化為語言。

口？　**↓沉默**

皮膚？　**↓起雞皮疙瘩**

腦中？　**↓一片空白**

無論是用哪一個都可以。把感覺赤裸裸地化為文字，就能構成如詩人般、感受得到體溫的話語。

只要在「好吃」的前後加入這些說法，就能讓一句話生動了起來。

「好吃到讓人沉默」

「好吃到起雞皮疙瘩」

「好吃到腦中一片空白」

以下是赤裸裸法的祕方。

①決定最想要表達的話

②把自己身體的反應赤裸裸地化為言語

③在想要表達的話前面或後面加入赤裸裸的關鍵字

赤裸裸法的重點在於②。只要能找出「赤裸裸的關鍵字」，這個祕方就完成了九成。曾經有人向我反應「很難找出赤裸裸的關鍵字」，我會給有這種困擾的人一個建

【赤裸裸法問題清單】

例：「非常好吃」的時候

臉？↓不禁露出微笑

喉嚨？↓不自覺地吞口水

嘴唇？↓不自覺地舔嘴唇

呼吸？↓暫時停止

眼睛？↓想要閉起眼睛

汗毛？↓全身上下的汗毛都豎了起來

皮膚？↓起雞皮疙瘩

腦中？↓一片空白

手心？↓冒汗

指尖？↓顫抖

血液循環？↓變快

議，就是「用回答問題的形式打造關鍵字」是最為簡單的方法。請回答以下的問題。

譬如說，想要表達「非常好吃」的時候，身體會有什麼反應呢？

只要在這些問題所發展出的赤裸裸關鍵字裡，選出最強而有力的一個，直接加入句子裡即可。赤裸裸法的訣竅在於，使用讓人有點害羞的赤裸裸關鍵字。如此一來，就能完成爆發力十足的一句話。

舉例來說，讓我們試著用赤裸裸法來描寫「大章魚燒」。

①決定最想要表達的話

↓這裡假設是「**大**」。

②把自己身體的反應赤裸裸地化為言語

↓當你看到大章魚燒時，會有什麼反應，從赤裸裸法問題清單來思考，你可能會「**睜大雙眼**」。

會「**停止呼吸**」。

③在想要表達的話前面或後面加入赤裸裸的關鍵字

↓加入關鍵字，完成句子。

Before「大章魚燒」

After「讓人不禁停止呼吸的大章魚燒」

若寫得像After一樣，我一定會想看看店裡的樣子。

赤裸裸法的做法

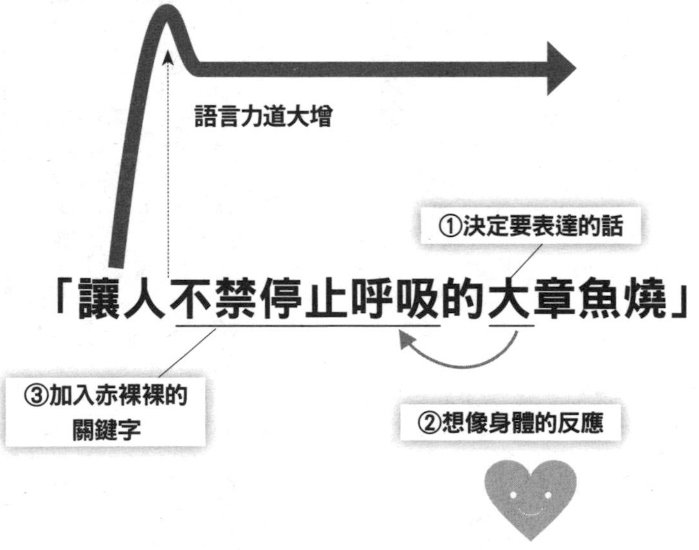

語言力道大增
①決定要表達的話
「讓人不禁停止呼吸的大章魚燒」
③加入赤裸裸的關鍵字
②想像身體的反應

為了能運用自如，接下來請各位透過實踐故事，一起來體驗「赤裸裸法」的內涵。

STORY

「赤裸裸法」實例故事

利用就職活動時的緊張贏得內定的表達法

在心儀已久企業的最後一關面試上，高田繪里（假名）陷入了危機。

對於常見的一般問題，高田用預先準備好的答案，中規中矩地應答。此時，其中一名面試官這樣說道：

「回答得相當流暢呢。你事先準備好答案了？」

高田的腦海中，頓時一片空白。因為她的確只回答事先背好、預想中的答案，而這件事已經被面試官們看穿了。

這幾秒鐘的沉默簡直是度日如年。

接下來高田說出口的話，不只是

「不，我很緊張。」

而已。她把包括對準備面試的心情、緊張的感受，原原本本、赤裸裸地說出來。

「我很緊張。喉嚨乾得不得了，手心也直冒汗。很驚訝自己的身上竟然有那麼多的毛孔！」

面試官之間出現了一些笑聲。高田繼續說道：

「我在補習班打工當講師，已經習慣在人前說話，但對我而言，這是第一次的最終面試。其實我聲音大是為了掩蓋喉嚨忍不住的顫抖。但我還是努力地想要回答！」

此時，只見面試官在面試的評分表上寫下了什麼。若此時，高田只說了：

「我很緊張。」

無法徹底地表達自己，這場面試可能就淪為很表面的回答，也無法展現她的個人特質了。

高田令人印象深刻，最後順利地被該公司錄取了。

赤裸裸法的做法

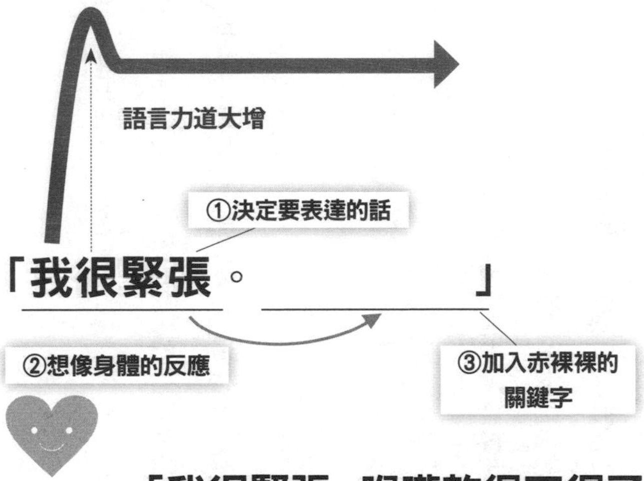

答案　「我很緊張。喉嚨乾得不得了，手心也直冒汗。很驚訝自己的身上竟然有那麼多的毛孔！」

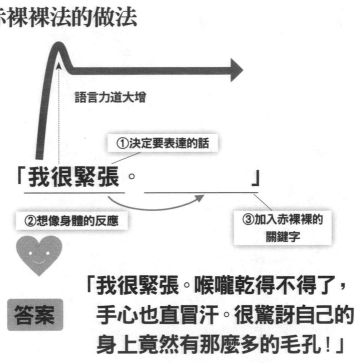

STORY

「赤裸裸法」實例故事

學生留下男兒淚！老師的回應擄獲學生的心

渡部隆（假名）在專門學校擔任講師，為了迎接一年一度的發表會，他正煩惱在課堂上該怎麼為學生的發表提出建議與評語。對學生而言，這是經過努力學習後的成果發表會，每個人都很認真投入。有些學生的發表非常出色，譬如小出同學就是其一。一開始，他很自然地對小出同學的表現表達了自己的想法：

「令人感動的提案，沒有什麼需要特別修正的地方。」

由於自己是站在給予評價的立場，所以渡部提醒自己要準確地表達真實狀況。但面對這樣的評語，小出同學卻反問：「真的沒有需要修改的地方嗎？」渡部很困擾，不知道該怎麼說才能表達出自己的意思。在接近正式發表的最後一堂課上，渡部決定改變他的表達方法。在聽完小出同學又一次滿腔熱血的提案後，他赤裸裸地說出自己的感受。

「我忍不住熱淚盈眶……維持這樣就好。」

他接著又說：「我想班上其他同學，應該也是這麼想。」

聽完這番話後，小出同學……哭了出來。被班上女同學看到他哭的樣子，小出同學一定也很難為情。但他還是忍不住流露出自己的情感，或許是因為他打從心底得到自信吧。因為他需要的，並非掌握正確的狀況，而是自信。赤裸裸的評語，正具備了充分滿足這個需求的說服力。

赤裸裸法的做法

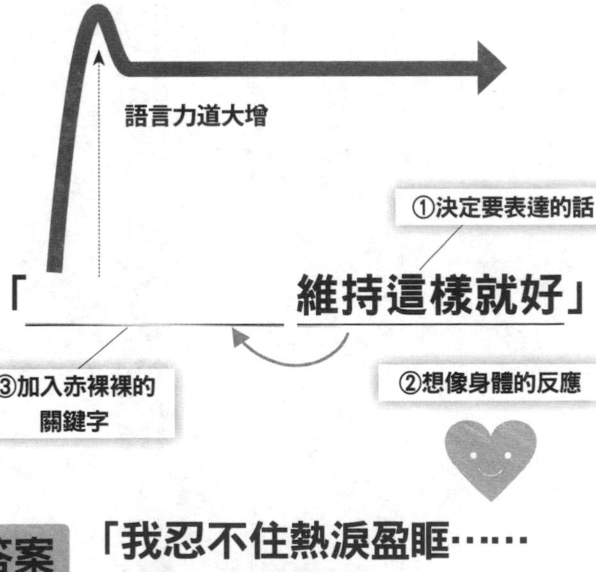
語言力道大增
①決定要表達的話
「＿＿＿＿＿維持這樣就好」
③加入赤裸裸的關鍵字
②想像身體的反應

答案 「我忍不住熱淚盈眶……維持這樣就好」

彷彿臉在發燙般，讓你感到難為情，
把自己攤在陽光下的祕方。
這就是「赤裸裸法」。

專欄

檢查你的「表達程度」③

有個問題可以馬上看出「你的談話是否吸引人？」請回答「是」或「否」。

Q.「這三個月內是否曾經送花給別人？」

送花這個舉動，就是赤裸裸法的行動版。

換言之，會送花給別人的人，就是擅長將自己的心意強烈地傳達給對方的人。送花給人的時候，不免有些難為情。不過能做到的人，就能帶給對方一定的衝擊。

管理大師湯姆・畢德士（Tom Peters）曾經說過「花的預算無上限」，因為花是一種有效的溝通工具。雖然我覺得不必把花想得那麼具有策略性意義，但就實際感受來說，我也很能理解這樣的說法。畢竟，收到花的時候都會很開心。不但會留下好印象，也會想著有一天一定要回禮。若對工作有幫助，有時回收的效果豈止是幾倍，還有可能是幾十倍。

送花雖然非常簡單，但卻是能向對方展現你個人存在感的手段之一。所以別覺得害羞，今天就買束花吧！

④「重複法」

——瞬間就能輕易完成，但讓人印象深刻的表達法

重複法是一種非常簡單的祕方。

只要重複再重複，那句話就會在對方腦海中留下印象。只要重複想要強烈表達的部分即可。效果十足卻能在短時間內完成，是能助你一臂之力的祕方。每一年的流行語或讓人記憶猶新的動畫名言，許多都是用這個祕方打造出來的。

「別急，別急。休息一下，休息一下。」

在動畫「一休和尚」的結尾，隨性躺臥的一休和尚一定會說這句臺詞。重複「別急，休息一下」這句話，就成為讓人印象深刻的臺詞。明明是那麼久以前的動畫，但大

家都還記得，對吧。

「不行唷～不行不行」

這是曾經獲得日本流行語大賞，女子諧星組合「日本電氣聯合」的招牌搞笑招式。背離道德的惡搞笑哏，以及完全不性感的性感，都帶有強大的威力。但光是這樣並無法成為流行語。由於重複語句，讓這句話更容易被記住。回想一下就會發現，過去的流行語當中有很多都是善用了重複的技巧。

「我有一個夢……我有一個夢……」

這句話出自美國民權運動領袖馬丁・路德・金恩博士（Dr. Martin Luther King, Jr.）的演說，他的夢想就是追求一個無關膚色、出身背景，人人能夠生而平等的社會。他重

複了「我有一個夢」（I have a dream.）這句話，而這句話也成為美國歷史上具有里程碑意義的一句名言。

「不能逃、不能逃、不能逃。」

這句話出自動畫《新世紀福音戰士》（Neon Genesis Evangelion）的主角碇真嗣。他因為想改變自己，所以常對自己說「不能逃」。透過重複再重複，這句話已經深深烙印在觀眾的記憶裡。據說，粉絲想要逃避工作時，至今仍會將這句話掛在嘴邊。

「喔，羅密歐、羅密歐，你為什麼是羅密歐？」

這一幕有多經典無須贅言。「羅密歐與茱麗葉」裡的兩人，出生在敵對的家族卻墜入情網。因為他們的名字，注定這是場不被允許的戀情，於是茱麗葉說了這句話。若她沒有連聲呼喊「羅密歐」，或許這部作品就不會如此舉世聞名了吧。

「柯曼妮奇！柯曼妮奇！」

柯曼妮奇（Nadia Elena Com neci）[6]當時身穿的開高衩體操服，為日本帶來了非常大的衝擊。這句話是始於知名導演北野武用手的動作來模仿開高衩的樣子，連聲呼喊柯曼妮奇的名字則更引人發噱，以至於北野武的搞笑模仿甚至比她本人的知名度更高。

以上皆為經典名句。

有偉人名言、動畫臺詞，甚至是諧星的搞笑動作。它們的共通點就是，全都是易於模仿，在電視節目上拿來惡搞也能有很好的效果。

因為**重複的語句不但容易記憶，也讓人不禁想要模仿**。這個表達法的祕方雖然非常簡單，卻效果出眾。我身為一名文案，曾有運動選手問我：

「我想讓自己的發言更有效果，該怎麼做才好呢？」

6 羅馬尼亞體操選手，在一九七六年的蒙特婁奧運，以十四歲之齡勇奪奧運史上第一個滿分十分、五面獎牌，一時風靡全球。

我首先告訴他的就是重複法。因為方法簡單，在今天的賽後記者會馬上就能派上用場。

為什麼重複能讓人留下如此深刻的印象呢？

請回想一下我們過去背誦的時候。我們在背誦時通常都會靠著不斷重複唸出聲音或是抄寫來幫助記憶，這就是相同的原理。我們在聽到重複的字句時，就容易留在記憶當中。而且，重複同樣的字句，發聲時的嘴唇會很舒服，彷彿隨著音樂的韻律舞動一般。

「柯曼妮奇！」

雖然也很強烈。但如果只說了一次，恐怕無法廣為流傳到成為北野武的招牌搞笑動作之一。

「柯曼妮奇！柯曼妮奇！柯曼妮奇！」

但這麼重複再重複時（現在我就忍不住邊寫邊笑了……），效果果然特別強烈，讓人不覺莞爾。簡直就是透過重複而增強效果的最佳範例。

在心理學上，有一種**稱為「單純曝光效應」（mere exposure effect；又譯重複曝光效果）的原理，實驗已經證實「光是增加接觸次數，好感就會提升」**。每到選舉期間，就會聽到競選車隊不斷重複候選人的名字。雖然也有人認為「比起名字，更應該多談一點政見」，但在現今的選舉制度下，若目的只是當選，重複播放名字就是最具效果的方法。畢竟，最終到了投票箱前，人是很難把票投給連名字也沒聽過的人的。只要被記住名字，當選機率就升高，因為運用重複法，就會留在人們的記憶當中。

以下是重複法的祕方：

①決定最想要表達的話

②重複再重複

僅此而已。真的，就是如此簡單。

舉例來說，讓我們試著用重複法來描寫「大章魚燒」。

①決定最想要表達的話

↓這裡假設是「**大**」。

②重複再重複

↓就成了「**大**、**大**」。

或者也可以做其他的改編、應用，如「**大**、**非常大**」之類的。

Before「大章魚燒」
After「大、大章魚燒」

雖然簡單，但After的效果明顯較強，對吧。

為了能運用自如，接下來就請各位透過實例，一起來體驗「重複法」的內涵。

重複法的做法

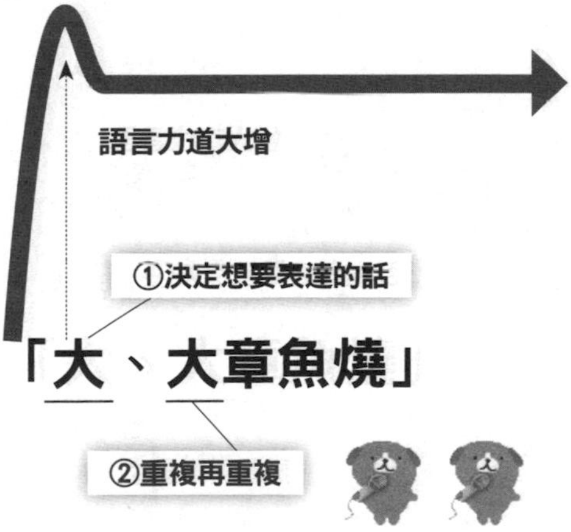

語言力道大增
①決定想要表達的話
「大、大章魚燒」
②重複再重複

STORY

「重複法」實例故事

讓沉重日本重展笑顏的NHK連續劇小說經典臺詞

應該沒有一個日本人不知道《小海女》吧？

與其說《小海女》是一個全國性的現象，倒不如說它是日本文化。這一齣每天早晨十五分鐘的連續劇，明顯地為消沉多時的日本帶來笑容。這句話是岩手縣北三陸地區的方言，據說是宮藤官九郎[7]到當地採訪、和海女交談時，聽到他們說：

「接」（日語「じぇ」的音譯）

覺得很有趣。仔細一問，才知道這是當地人在覺得驚訝時的口頭禪。愈感到驚訝時，就會反覆說愈多次。於是，《小海女》的經典臺詞就此誕生，那就是：

「接接接！」

這完全就是「重複法」的技巧。在當地方言裡，基本上是說「接」。在重複再重複之後，就一躍成為流行語。我想宮藤官九郎也是經過精心設計的。在連續劇裡，最常出現的就是三連發。由可愛女孩重複說出帶有那麼一點不雅的濁音，[8]果然是深具威力。

創造出這個流行語的《小海女》，全劇平均收視率二〇・六％，在現今這個年代，日本人每五人當中竟然就有一個人看過，無疑成為了一個讓人不禁「接接接」的節目。

重複法的做法

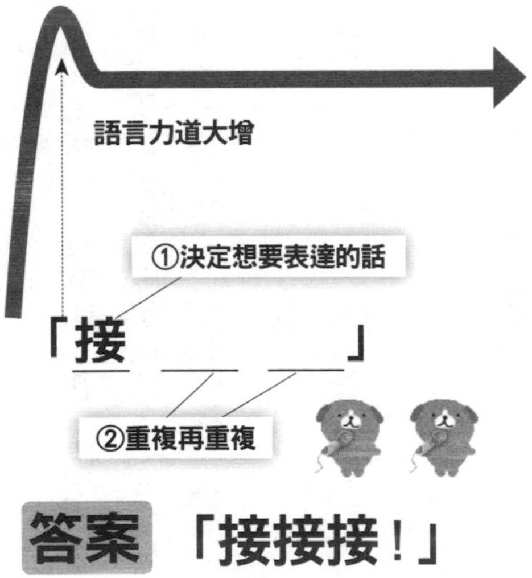
語言力道大增
①決定想要表達的話
「接＿＿ ＿＿」
②重複再重複
答案
「接接接！」

7 日本知名作家、劇作家、演員、導演。代表作有《池袋西口公園》、《虎與龍》、《小海女》等，曾九次獲得日劇學院賞最佳劇本獎，是獲獎最多次的紀錄保持人。

8 日文發音的一種，相對於發音清脆的「清音」，濁音的發音較為混濁。

STORY 「重複法」實例故事
吉卜力音樂讓人聽一次就上癮的祕密

很多人一聽到吉卜力的音樂就說：「它彷彿表達出自己的心聲」、「讓人想起小時候」。

吉卜力電影的世界觀再加上音樂之後，的確很容易讓人沉浸其中。在《崖上的波妞》上映時，有一首歌席捲全日本。我常常也邊走路邊忍不住就哼了起來，「波～妞波～妞　波～妞♪」。這個音樂背後隱藏著一個祕密。那就是，它設計成讓人容易上癮。舉例來說，上述波妞的副歌，意思是在說：

「波妞　魚的孩子♪」

是在介紹波妞和她的名字。但在實際的歌詞裡，則運用了「重複法」，變成：

「波～妞　波～妞　波～妞　魚的孩子♪」

透過重複再重複，不僅變得更有節奏感，也容易留下記憶。人類大腦最喜歡單純的重複。在副歌使用重複的字句，就能打造出一首老少咸宜的樂曲。

其他如《龍貓》主題曲中重複的歌詞，也讓人記憶猶新。相信大家應該馬上就能聯想到。

「我最愛的豆豆龍　豆豆龍♪　豆豆龍　豆豆龍♪」

看吧！馬上就浮現腦海了吧。

重複法的做法

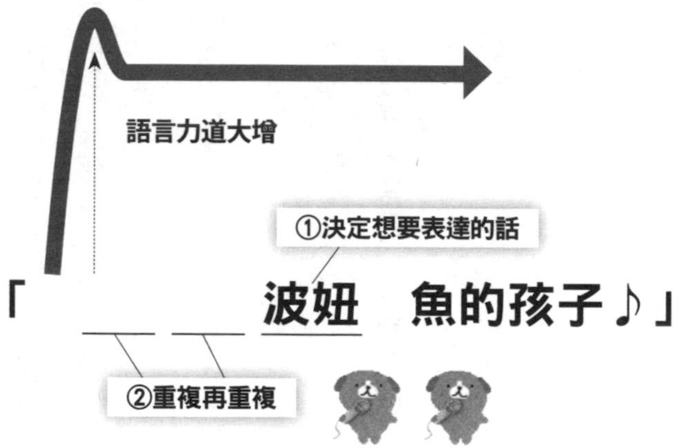
語言力道大增
①決定想要表達的話
「＿＿ ＿＿ 波妞　魚的孩子♪」
②重複再重複

答案　「波～妞　波～妞　波～妞　魚的孩子♪」

非常簡單、非常簡單就能完成，
並留下深刻印象的祕方。
這就是「重複法」。

⑤「高潮法」
——經常得在人前說話的人一定要知道的魔法之語

唯獨這一點很重要，千萬不要忘記。

當你看到這個句子時，就會不禁覺得「是什麼呢？」**這就是所謂的「高潮法」**。一聽到這句話，就會讓你產生一種「這裡得好好聽一下」的心情吧。

「這裡會考唷！
三角形的面積是～」

這是學校老師的必殺句。如果只說「三角形的面積是～」，學生也不會特別注意。但是，只要用這一句話開頭，教室裡的所有人就會同時看向黑板了。

「我終於有了必須守護的東西了。
那就是你！」

這是電影《霍爾的移動城堡》中，主角霍爾所說的話。在魔法與科學並存的世界裡，一直以來都在逃避戰亂的霍爾，在出征之前對女主角蘇菲這麼說。順道一提，日文版的霍爾是由木村拓哉配音。當有人對你這麼說的時候，應該很難不愛上對方吧！

「人生只有兩種選擇。
不是忙著生，就是忙著死。」

經典電影《刺激一九九五》描寫因為冤獄而入監服刑的安迪，不放棄希望、深信能重獲自由而努力求生。這句經典臺詞出自安迪在獄中結識的朋友瑞德。這句話先運用了高潮法，再連接對比法，成為一句非常強而有力的話。

「我就開門見山地說了。捨去了金錢與名譽，剩下的就是命了！」

這是岡本太郎[9]在解答讀者人生疑難雜症時所說的話。因為開頭說了「我就開門見山地說了」，就讓人更想聽聽接下來會說些什麼。如果這裡沒有運用高潮法，當他說出重要的事時，或許聽的人就會不小心左耳進右耳出了。

「我可以再問一個問題嗎？」

這是日本刑事劇《相棒》中，主角杉下右京的口頭禪。他用優異的推理能力，以大家沒注意到的枝微末節為線索一一解決各個案件。在搜查陷入僵局時，故事就從這句話開始。

仔細觀察就會發現，上述每一句話都是在最高潮的時候出現。

這絕非偶然。所謂的**「高潮法」，就是在關鍵時刻運用的技巧**。運用高潮法時，就能**讓聽者覺得「接下來要說的事非常重要，一定得注意聽」，並打開他們注意力的開關**。

這個高潮法，說穿了就和跨年倒數的「三、二、一」一樣。當我們聽到倒數讀秒時，就很難不去注意時間，因為大家都不想錯過事發的瞬間。這個技巧其實是利用了人性的本能。

當我們要說什麼重要的事時、想要受到關注時，不妨運用這個祕方。如此一來，對方就會注意到我們最希望他們注意的地方。

高潮法也是非常簡單的技巧之一。只要知道高潮關鍵字，就能當場立即使用。

9 日本知名的抽象派和超現實派的藝術家（一九一一—一九九六），以大型或立體的作品受到重視。代表作品包括一九七〇年大阪萬國博覽會的精神地標「太陽之塔」和澀谷車站內的大型壁畫「明日神話」。

【高潮法關鍵字清單】

「請你一定要保守祕密」

「這裡會考唷！」

「你今天有機會聽到這個真是太幸運了！」

「這件事我只在這裡說」

「從這裡開始禁止攝影」

「我只說一次唷！」

「重點有兩個」

「我在別的地方不會說」

「我只和你說」

「我要跟你坦承一件事」

除此之外，只要是內含「我接下來要說的事很重要」訊息的語句，都算是高潮法。

以下是高潮法的祕方：

①不馬上說出「想要表達的話」

②從高潮關鍵字開始說起

高潮關鍵字可以直接使用前一頁清單中的說法。很簡單吧。

我們以「大章魚燒」為例，試著用高潮法來描寫。

①不馬上說出「想要表達的話」

↓這裡，就不直接說了。

②從高潮關鍵字開始說起

↓譬如**「從這裡開始禁止攝影～」**好像比較容易應用。

使用其他高潮關鍵字也行，但請選一個比較容易連接前後文的說法。

Before「大章魚燒」

After「從這裡開始禁止攝影。大章魚燒」

哪一種說法讓人印象比較深刻呢？一目了然。

為了能運用自如，接下來就請各位透過實例，一起來體驗「高潮法」的內涵。

高潮法的做法

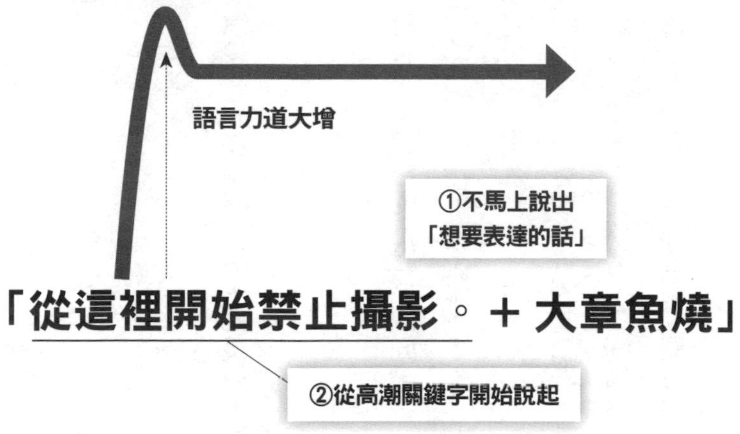
語言力道大增
①不馬上說出
「想要表達的話」
「從這裡開始禁止攝影。＋大章魚燒」
②從高潮關鍵字開始說起

STORY
「高潮法」實例故事
讓學員同時轉向前方，演講時的魔法關鍵字

各位知道什麼時段的演講最為困難嗎？

那就是午餐過後一點開始的演講。因為剛吃完飯，如果一不注意，聽眾很容易就昏昏欲睡了。

我大概每週會有一次演說的機會，很感恩的是聽眾的回饋中，有人的感想是「感覺九十分鐘彷彿只有一瞬間」，以及在樂天主辦的講座當中，我的講座得到了四．七分（滿分五分），是所有講座中滿意度第一名。

當然，內容很重要。但同樣的內容，滿意度也會因為講者不同而有所差別。這是為什麼呢？正是取決於表達方法。就算表達同樣的事情，不同的表達方法給人的印象也截然不同。我到了演說的後半段，通常都會有意識地運用高潮法。

我不會直接說：

「讓我們來看一下例題。」

而是說：

「光聽這個部分，今天就值回票價了。讓我們來看一下例題。」

只要我這麼一說，所有人就會同時看向我，那動作整齊劃一到我都嚇了一跳。就算有點累，只要運用高潮關鍵字，就能重新打開聽眾注意力的開關。

高潮法的做法

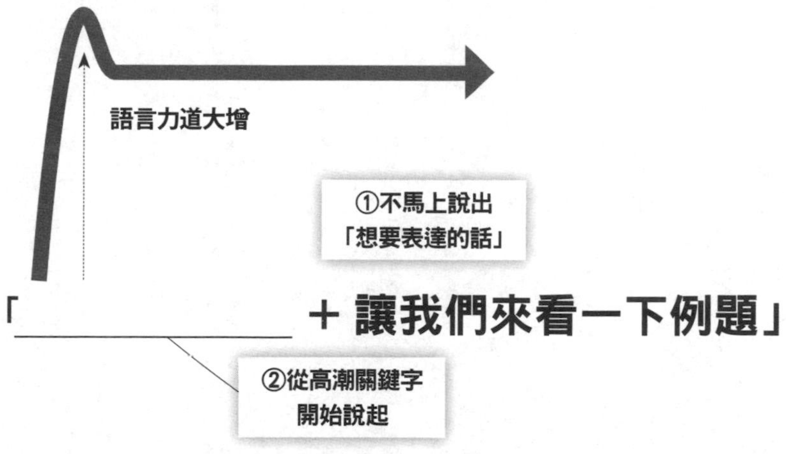
語言力道大增
①不馬上說出
「想要表達的話」
「＿＿＿＿＿＿＿＿ ＋ 讓我們來看一下例題」
②從高潮關鍵字
開始說起

答案 **「光聽這個部分，今天就值回票價了。讓我們來看一下例題」**

唯獨這一項希望大家千萬不要忘記，
能引人注目的祕方。
這就是「高潮法」。

三項新技巧首度公開！打造「強力話術」的技巧

——三項全新技巧！追加的強力祕方！

在我的上一本書中，我介紹了五項打造「強力話術」的技巧，在本書中也再一次溫習過了。

但在這本書中，我將再介紹三項全新的技巧。

無論何者，都是非常實用且強力的祕方。只要按照祕方操作，無論任何人都能端出專業廚師的味道。

⑥「數字法」

——比起「重要」，化成數字「九成」會更具效果

這是九十五％以上的人都不知道的祕方。

在語句中加入「數字」，光是這樣就能增加說服力。尤其在商品名或話語當中加入數字，視覺上也會吸引目光，內容也更一目了然。

「一顆抵三百公尺」

這是日本固力果牛奶糖的廣告文案，意指一顆牛奶糖所含的熱量，等同於跑三百公尺所需的熱量。目的是要表達「一顆牛奶糖就含有豐富的營養」，但透過數字化，讓說服力與帶給人的衝擊都變得更強。

《九成都靠表達力》

這個標題，其實是《表達法很重要》的換句話說。把「重要」改說成「九成」。內容本身當然非常重要，但人們往往費盡心力琢磨「內容」，卻不花力氣思考「該如何表達」。這個標題裡隱含了希望大家重視表達方法的訊息。

《銀河鐵道九九九》

這是日本漫畫史中最耀眼的代表作之一。故事內容當然很出色，而作品名更是魅力十足。如果不是取「九九九」而是用別的名字會如何呢？如果作品名是「銀河鐵道隼」……或許就不會成為如此名留青史的漫畫了吧。

《一〇一忠狗》

這是華特迪士尼公司所製作的動畫。若片名是「許多忠狗」，大概就不會被拍成電影了吧。「一〇一」是數字強化語言力量的絕佳範例。

「三分鐘料理」

若名稱為「短時間料理」，就算是同樣的內容，也無法成為如此廣受歡迎的節目。同樣指短時間，用「三分鐘」這個數字，就能引起觀眾的興趣。

上述都是運用「數字法」的話術。

文章中光是加入了數字，就絕對會引起注意。而且，舉出具體數字時，也讓人更一目了然。因為，數字表達的速度之快，遠遠超過漢字或平假名。

此外，同樣是數字，不知道各位有沒有注意到，有名的實例大多是奇數？

不是「六個習慣」，而是「七個習慣」。

不是「一〇〇忠狗」，而是「一〇一忠狗」。

自始至終都是從語言力道強弱的觀點出發。

二、四、六、八、十等偶數，雖然溫和，但力道不足。

一、三、五、七、九等奇數，有稜有角，自然感受強烈。

各位不妨試著找出你想得到的、內含數字的名言。「七大不可思議」、「七道具」、[10]「三枝箭」、[11]「炫風五超人」等，奇數占了壓倒性的高比例。接下來就來介紹一下數字法的祕方。

---

10 日文中指隨身攜帶的一套工具，方便關鍵時刻可派上用場，後引申為不可或缺的工具或重要技巧。

11 三本の矢，即日本版團結力量大的故事。

① 決定想要表達的話

② 轉換成適當的數字

就這兩個步驟。

我們以「大章魚燒」為例，試著用數字法來描寫。

①決定想要表達的話

↓這裡假設是「**大**」。

②轉換成適當的數字

↓把「**大**」轉換成「**三〇〇%大**」

這裡填入的數字，只要是適合的，無論是：

三〇〇%/三倍/三百克

只要是含有數字，無論用哪種說法都可以。但我個人偏好使用阿拉伯數字「3」勝過國字的「三」。因為阿拉伯數字在看見的瞬間，比較容易理解。

Before「大章魚燒」
After「三〇〇%大章魚燒」

後者顯然比較有效果吧。

為了能運用自如，接下來就請各位透過實踐故事，一起來體驗「數字法」的內涵。

數字法的做法

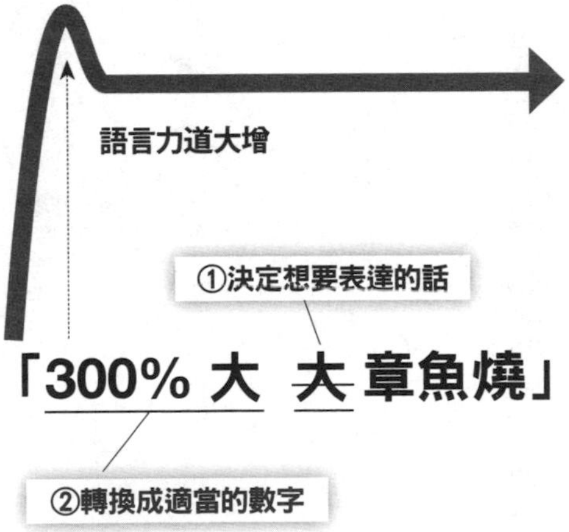

語言力道大增
①決定想要表達的話
「300% 大 大 章魚燒」
②轉換成適當的數字

STORY 「數字法」實例故事

表達法也是百分之一的靈感加上百分之九十九的努力!?

一說到發明家湯瑪斯．愛迪生的名言……

相信大家都知道吧！

雖然說法不盡相同，但愛迪生要說的就是「努力非常重要」。就意義上來說，他想表達的就是：

「所謂天才，是些微的靈感，再加上莫大的努力。」

這句話運用了加入反義詞的「對比法」，已經是非常強而有力的一句話，但愛迪生的原話更具效果。他說：

「所謂天才，是百分之一的靈感，再加上百分之九十九的努力。」

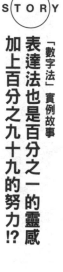

這句話不僅有對比法，還運用了「數字法」。想請各位比較的是文章的「外觀」，後者更容易馬上就吸收了吧。因為是數字，所以加快了理解的速度，也增加了說服力。

「對比法」與「數字法」的雙重技巧，讓這句話成為聞名全球的名言。

希望各位記得的是，「百分之一」的靈感並不是指經過測量而得來的數據。百分之一只是一種說法，這句話的強大效果就在於刻意用數字做出肯定的說法，也就是以數字為重點來強化說明。

數字法的做法

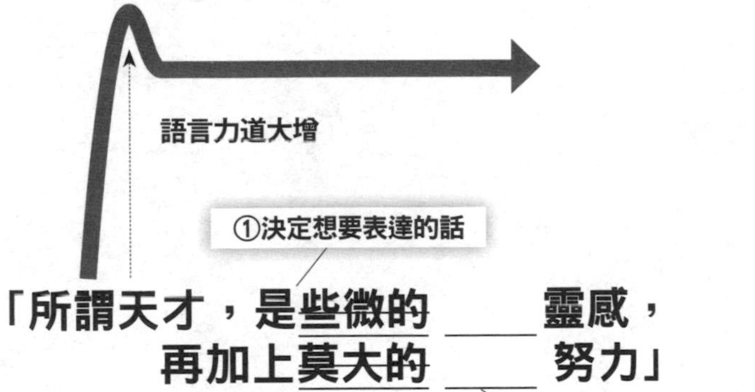
②轉換成適當的數字

答案 「所謂的天才，是1%的靈感，再加上99%的努力」

百分之九十五的人都不知道，
用數字來展現說服力的祕方。
這就是「數字法」。

⑦「合體法」

——許多熱賣商品、流行現象都是源自於這個方法！

「流行產生器」

如果要用一句話來解釋合體法，應該就是這樣了。

當你回想世界上的各種現象，就會發現許多都是由兩個單字組合而成的。**這世上所謂新的事物，絕大多數都是源自於「兩種事物的組合」**。請各位在理解這一點的前提上繼續看下去。

「妖怪手錶」是一款引發熱潮的電玩遊戲。故事始於主角在偶然間獲得了一支手錶——「妖怪手錶」，從此獲得了不可思議的力量。「妖怪」和「手錶」本身都是再普通不過的字眼，但過去從未結合的兩個字在合體之後，卻造就了一個全新的世界觀。

「療癒系吉祥物」（ゆるキャラ）

日本全國各地本來就有很多看起來晃晃悠悠、一派悠閒的吉祥物。在漫畫家三浦純為它們創造出一個統一名稱後，吉祥物大軍開始受到各界矚目，引發熱潮。這也是合體法的絕佳範例之一。除了「療癒系」之外，當初還有好幾個字眼也在候選名單之上，譬如「鬆弛系」、「洩氣系」、「柔軟系」、「溫和系」等，但「療癒系」還是最貼近這些吉祥物的形象對吧。

「可爾必思水」12

現在自己買可爾必思濃縮液加水稀釋喝的人，應該愈來愈少了吧。當「可爾必思」加入「水」的商品推出之後，瞬間成為熱門商品。雖然我第一次喝的時候還是覺得「好濃唷！」是不是我自己加水稀釋時，水加得比一般還多的關係呢？

「Cool Biz」

Cool Biz是指在夏天工作時也能清涼、舒適的服裝。這個說法也是經過相當精心的設計。來自意為「涼爽」、「帥氣」的「Cool」，以及代表商業、商務的「Biz」這兩個字的合成。打破了過去日本企業文化中，認為「輕裝有失禮節」的觀念，而成為一個固定的說法。

「壁咚」

「壁咚」是指當女生靠著牆壁站時，男生「咚」的一聲把手按在牆上圍住女生的行為。據說，當女生被「壁咚」時，都會感到「小鹿亂撞」。若當初沒有發明這個詞，而是用「被咚的一聲按在牆上」來說明，可能就不會造成那麼大的流行了。

12 在臺灣則命名為「可爾必思水語」。

「兒童店長」

這是一個在TOYOTA汽車廣告中出現的角色。由加藤清史郎所扮演的店長，用小朋友的方式說明了減稅等事宜，廣受好評。「兒童」與「店長」的搭配，是組合了正反義字眼的「對比法」，同時也是合體法，構成一個非常出色的命名。

上述的例子，無論何者，都是由兩個單詞所合成。但合體前的單詞，都是非常普通的詞。

「**妖怪**」和「**手錶**」兩個詞都很普通

↓

「**妖怪手錶**」就成了流行語

「**療癒系**」和「**吉祥物**」兩個詞都很普通

↓

「**療癒系吉祥物**」就成了流行語

知道這個事實之後，就能成為一個祕方。

想要創造流行語時，為了命名而腸思枯竭時，「合體法」就能派上用場。

接下來就來介紹一下做法。

①選定主線單詞

②列出大量副線單詞的替代說法

③組合在一起

就是以上三個步驟。

我們以「大章魚燒」為例，試著用合體法來描寫。

①選定主線單詞

↓由於商品是章魚燒，所以這裡的主線單詞是「**章魚燒**」

②列出大量副線單詞的替代說法

↓副線單詞則是「大」，這裡盡量列出大量的替代詞

「巨大」、**「大口」**、**「棒球」**、**「重量級」**、**「男人的」**

③組合在一起

↓分別試著組合在一起。

「巨大章魚燒」

「大口章魚燒」

「棒球章魚燒」
「重量級章魚燒」
「男人的章魚燒」

這樣看下來，

「棒球章魚燒」

「重量級章魚燒」

似乎是過去未曾有過的合體說法，而且語言的力道也很強。從未結合過的兩個單詞合體之後，果然是強而有力。

Before 「大章魚燒」
After 「棒球章魚燒」

如果章魚燒的店家前面寫著「棒球章魚燒」，很多人應該會好奇想要一探究竟吧！

合體法可以運用在「新商品的命名」或「想要引發流行的現象名」上。不知道這個方法的話就派不上用場，但一旦知道了祕方，連你也能妙筆生花呢。

在創造合體用語卻沒有靈感時，請試著列出更多副線單詞，應該就會發現萬中選一的搭配了。

接下來，就請各位透過實踐故事，一起來體驗「合體法」的內涵。

合體法的做法

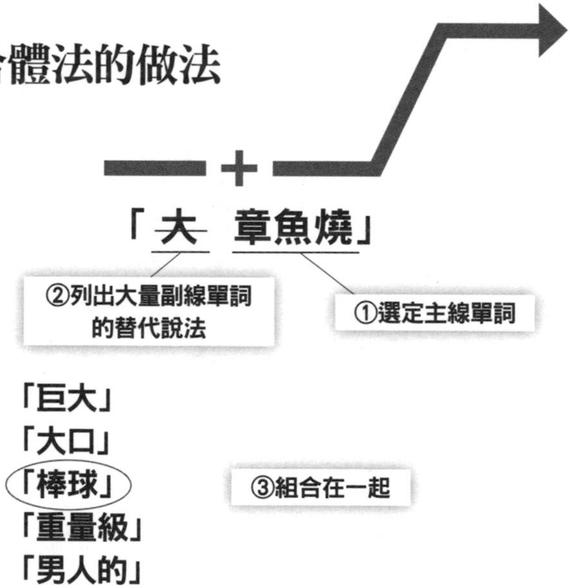

STORY 「合體法」實例故事

替對戀愛「消極的男子」命名而引發風潮的單詞

直到某一時期為止，一般都覺得男生為了和女生交往，都是要由男方主動告白、追求。然而，自日本經濟逐漸衰退之時開始，對戀愛不再積極的男性開始變得格外顯著。一般往往會用：

「消極男」

「晚熟男」

之類的說法來形容他們。但某個用合體法創造的詞出現後，這個狀況就開始被解讀成是一種社會現象，這個單詞就是：

「草食男」

我認為這個單詞，是善於解讀時代脈動的人才創造得出來。但就算你不是天才，其實也能信手拈來。由於是指稱男性的單詞，所以將「男」設為主線單字，接著則是列出等同於副線單詞——「消極」的各種說法。

「低調」
「柔軟」
「草食」
「客套」

試著找出各種可能性。只要從中選擇一個過去沒有組合在一起過的、順口的即可。對於這些引發熱潮的用語，我們也可以單純採取一個旁觀的態度。但當你知道了「合體法」的訣竅後，自己就能創造出新的用語了。所以從今天起，不妨對於用字遣詞更「肉食男」、「肉食女」一些。

合體法的做法

「消極　男」

②列出大量副線單詞的替代說法

①選定主線單詞

「低調」
「柔軟」
「草食」
「客套」

③組合在一起

答案　「草食男」

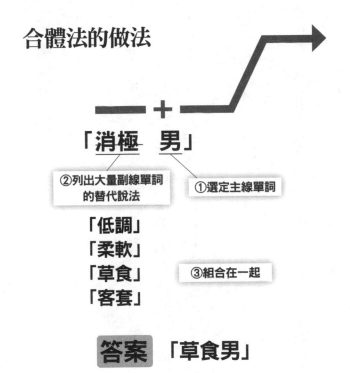

STORY

「合體法」實例故事
讓有口難言的事脫口而出的流行用語

「婚活」這個詞，現在應該在日本已經變成普通名詞了吧？「婚活」是由「結婚」與「活動」合成的說法，源自於由「就職」與「活動」合體而來的「就活」。意指為了結婚尋找對象、精進廚藝等作為。在這個單詞出現之前，一般都說：

「我在找結婚對象。」

但這種說法有點沉重，反而讓人很難開口約妳出去。但如今大家開始改成這麼說：

「我正在從事婚活。」

這樣的說法，反而比較豁然開朗。因為，正在從事某種「活動」，彷彿正投入某項計畫一般，沒有一絲傷感的感覺。找結婚對象是一件人生大事，為了突破這個關卡，從正面意義來說，「婚活」一詞營造出較為輕鬆愉快的氛圍。

拜這個說法之賜，也讓人更容易表明自己正在找結婚對象。而且，還引發了日本的婚活熱潮。在雜誌或網路上，充斥著婚活的相關文字。

能夠引爆風潮的事物背後，一定都有一個關鍵字。同樣是用了「活」這個字的事物，還包括：為了懷孕的「妊活」、[13]為了讓孩子能進托兒所的「保活」、[14]清晨早起把上班前的時間投入學習或嗜好之用的「朝活」。[15]

創造這些詞的訣竅，同樣也是選擇過去沒有組合在一起過的單詞。使用「活」字的合體法，馬上就能靈活應用。

你或許也能創造出下一個風潮的關鍵字唷！

---

13 「妊活」即指為懷孕（妊娠）所做的一切努力。
14 日文中托兒所稱為「保育所」，「保活」指為了讓小孩順利進入保育所所做的努力。
15 「朝活」為「朝活動」的簡稱，朝在日文中是「早晨」的意思。

合體法的做法

「結婚　活」

②列出大量副線單詞的替代說法

①選定主線單詞

「結」
「婚」
「戀人」
「新娘」

③組合在一起

答案　「婚活」

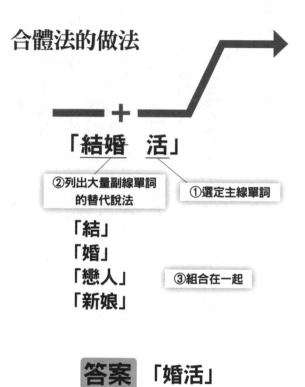

用一句話來說，就是「流行產生器」，
創造流行用語的祕方。
這就是「合體法」。

⑧「頂尖法」

——人都喜歡第一。就算原本不放在心上，但只要如此做，就能吸引注目

這是在店頭貨架上最常運用的技巧。

當超市的貨架上寫著「銷售第一」時，就算原本沒興趣的東西，也會好奇地想要一探究竟。這個祕方的特徵，就在於傳達與其他相比自己才是最「頂尖」的。

人們都愛比較。對於頂尖的事物，會只因為它們是頂尖的所以就喜歡它們。舉例來說，各位都知道日本的最高峰吧？當然就是「富士山」。但各位知道日本第二高的山嗎？相信絕大多數的人都不知道，答案是「北岳」。不知道吧！換言之，**人們會對第一名的事物懷抱強烈的興趣**，但對第二名之後的則完全沒有興趣。

「一番搾」

「一番搾」[16]是麒麟啤酒當中最熱銷的產品。這個命名贏在加入了「一番」這個字眼。就意思來說，這裡的「一番」其實並非意味著最優秀的「一番」，而是指「一番搾製法」。不過，店頭只要是寫上「一番」的包裝，果然是威力十足。

「點心的全壘打王」

這是知名甜點老店龜屋萬年堂在招牌產品「NAVONA」的廣告中所使用的標語，還請到當時的全壘打王王貞治代言。雖然廣告中沒說「這是最好吃的點心」、「這是最暢銷的點心」等字樣，但卻傳達出這樣的訊息給觀眾。「～王」是運用頂尖法時非常方便的一種方法。

16 「一番」在日文中是「第一」的意思。

「TOP」

獅王的「TOP」是洗衣粉中，最長銷的品牌之一。在店裡不知道該選哪一種洗衣粉時，由於當場無法試用，「TOP」可說是讓人覺得洗淨力最強的產品名。

「地區第一」

這是經常寫在電器行等處廣告單中的文字。從這個詞我們可以學到很多東西。譬如，絕大多數時候，我們很難宣稱是「日本第一」、「無人能敵」。這種時候，只要說是某個區域內的第一即可。光是這樣，就已效果十足。

「店長最推薦」

若無法宣稱「地區第一」，改用這種說法就適用於任何一家店。「店長最推薦」，無疑是在店裡最能收買人心的說法之一。這可以用在真的最推薦的商品上，或者也可以冠在最想賣的產品上。

「銷售第一」

無論在啤酒或發泡酒的廣告中，之所以會一直強調這句話是有原因的。因為，只是「第一」就足以讓產品暢銷。在明明不賣的商品上標示「銷售第一」在法律上是有疑慮的，但各家公司無不拚命想要獲得這個標示權。

如前所述，在眾多商品中，只要讓人覺得是第一、頂尖的，往往就能收買人心。「頂尖法」有兩種做法。

1.「真實頂尖法」

像是「地區第一」、「店長最推薦」，這種表達出真實在某處位居第一的方法。訣

竅在於要思考劃定什麼樣的範圍才能成為第一。譬如在下述的排列中，

世界第一＞東亞第一＞日本第一＞全縣第一＞全市第一＞地區第一＞你個人的第一

一定能從中找到適當的區位。在能夠宣稱的界線內，不妨盡量把範圍擴大。

2.「比喻頂尖法」

做法就是，像「一番搾」、「點心的全壘打王」這般，在說法上營造出讓人覺得位居第一的感覺。最不賣的商品無法說是「最暢銷」，但可以在說法上營造出類似的感覺。

接下來是頂尖法的祕方。

①決定「想要表達的話」

②加入適合的頂尖關鍵詞

頂尖法的訣竅在於，盡可能地擴大可以自稱第一的範圍。範圍愈廣，效果就愈強。

我們以「大章魚燒」為例，試著用頂尖法來描寫。

①決定想要表達的話

↓這裡假設是**「大」**。

②加入適合的頂尖關鍵詞

↓譬如，如果無法說是**「日本第一」**、**「全縣第一」**，那麼不妨說是**「原宿第一」**。

Before「大章魚燒」
After「原宿第一的大章魚燒」

走在原宿街頭，如果看到「原宿第一」，說不定就會被吸引去買來吃吃看。

接下來，就請各位透過實踐故事，一起來體驗「頂尖法」的內涵。

頂尖法的做法

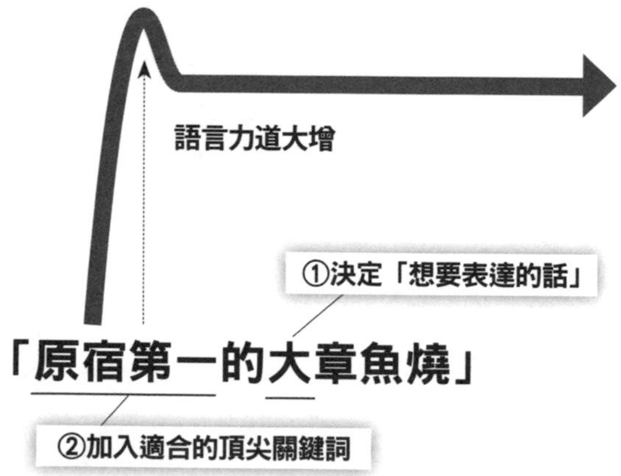
語言力道大增
①決定「想要表達的話」
「原宿第一的大章魚燒」
②加入適合的頂尖關鍵詞

STORY

「頂尖法」實例故事

持續維持高收視率節目名稱的祕密

「世界上最想上的課」，是日本長年維持高收視率的人氣電視節目之一。不僅廣邀各界專家上節目，內容也很有趣，讓人獲益良多。我個人也非常喜歡觀這個節目。從內容上來說，這個節目大概就是：

「很想上的課」

但如果節目名稱是這樣的話，大概就無法長達十年都維持這麼高的收視率了吧？

「世界上最想上的課」

這個節目名稱，果然是很出色。

這個名稱運用了「頂尖法」。除了節目裡邀請到曾獲諾貝爾獎，或是在日本、全球都備受矚目的講師，打造出宣稱「世界第一」也不為過的有趣內容外，正因為這個「世界上最想上的課」的名稱，只是在電視節目表上就足以引發話題。

節目製作團隊或許也是懷抱著打造出世界第一的決心投入製作，所以節目品質也精益求精，形成了一個良性循環吧。

頂尖法的做法

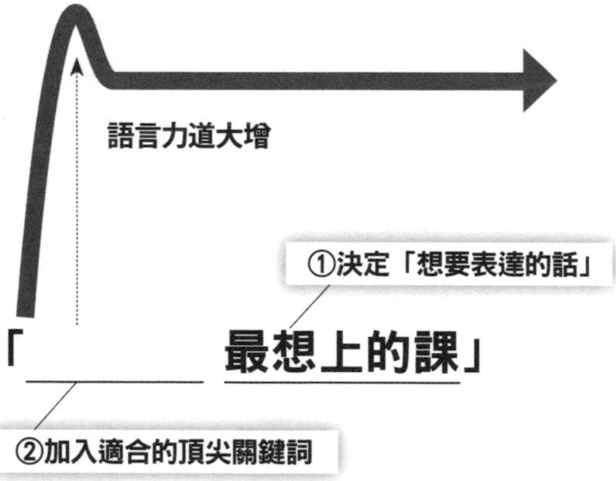
語言力道大增
①決定「想要表達的話」
「＿＿＿＿最想上的課」
②加入適合的頂尖關鍵詞

答案「世界上最想上的課」

在商店貨架上最常使用，
引發購買動機的祕方。
這就是「頂尖法」。

第2章　總結

①咻～地一瞬間，就能立即學會的祕方。

這就是「驚喜法」。

②就算忘了其他的，唯獨希望你要記得這個能夠創造名言的祕方。

這就是「對比法」。

③彷彿臉在發燙般，讓你感到難為情，把自己攤在陽光下的祕方。

這就是「赤裸裸法」。

④非常簡單、非常簡單就能完成，並留下深刻印象的祕方。

這就是「重複法」。

⑤唯獨這一項希望大家千萬不要忘記，能引人注目的祕方。

這就是「高潮法」。

⑥百分之九十五的人都不知道，用數字來展現說服力的祕方。

這就是「數字法」。

⑦用一句話來說，就是「流行產生器」，創造流行用語的祕方。

這就是「合體法」。

⑧在商店貨架上最常使用，引發購買動機的祕方。

這就是「頂尖法」。

實況演練 2

「九成都靠表達力講座」

打造「強力話術」的技巧

歡迎各位再度來到「九成都靠表達力講座」的會場。
接下來，我們將實際運用打造「強力話術」的技巧。
我收集了很多可以實際直接運用的題材。
只要按照祕方操作，出乎意料地就能輕鬆完成唷！

那麼，就讓我們直接切入正題，課題如下。

課題 用重複法寫出「生日快樂」

想要寫點什麼祝福朋友生日。
請運用能讓人印象深刻的表達法

各位都曾經為商務往來的對象或朋友送上幾句生日祝福吧。
因為忙碌，所以不想太花時間，但又希望自己的訊息能夠打動對方。
那麼，就請運用重複法來思考一下怎麼說比較好。

預備，起！

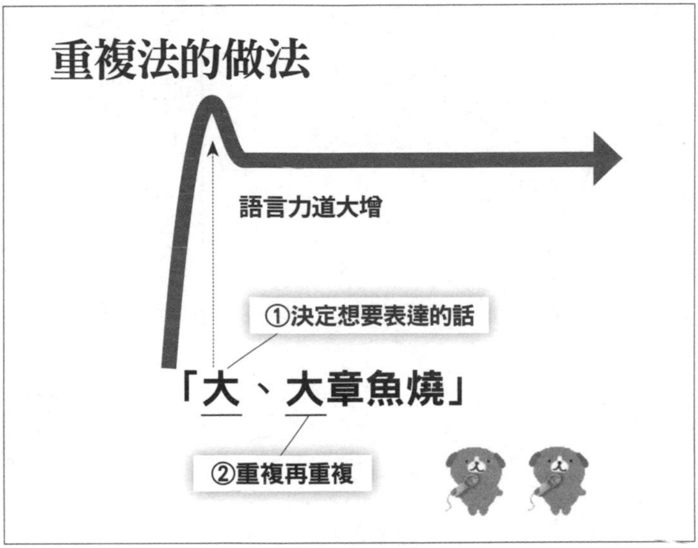
重複法的做法
語言力道大增
①決定想要表達的話
「大、大章魚燒」
②重複再重複

請參考
這個唷！

我們請同學來發表一下。井上先生，請。

井上：「是。我試著很直白地表達，像**說法①**一樣。不知道這樣可不可以？」

很好！很好！

這正是所謂的重複法。

雖然簡單，但效果十足。

比起單純的「生日快樂！」

「生日快樂！快樂！快樂！」的說法，表達出一種打從心底祝福的感覺。

也表達出你重視對方的心意。

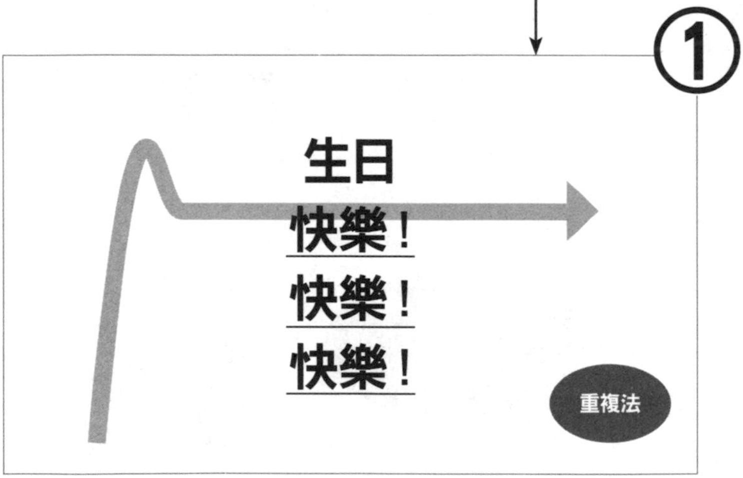

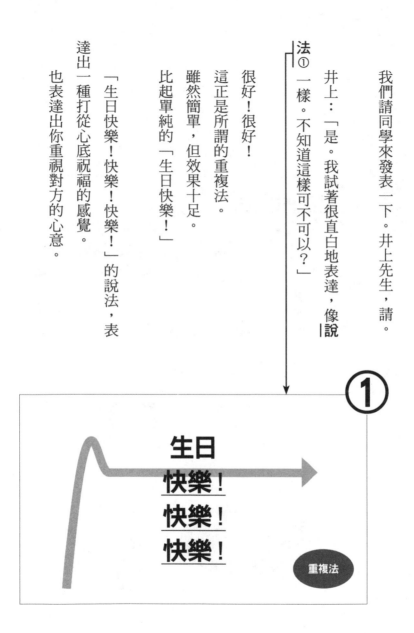

還有別的同學要發表的嗎？前田先生。

前田：「是。我做了一些變化，像說法②這樣也可以嗎？」

可以！可以！

不妨多一點這樣的變化。

為什麼要重複「讚！」呢？

前田：「因為我曾經想過要是能在臉書上讓很多人按『讚！』，該有多好。」

原來如此，很高招呢！

透過重複臉書上大家都熟知的「讚！」，

②
重複法
讚！
讚！
讚！
HAPPY BIRTHDAY！

在眾多的生日祝福中，馬上就成為最熱情的一則訊息了。

只要理解「重複就能打造強力話術」的技巧，就能運用自如。但如果不知道的話，這個可能就有點難度吧。

把固有的單字、說法運用在「重複法」上，就是打造出簡單但強力話術的訣竅。

謝謝大家。

順道一提，我的答案是**說法**③。

藉由重複，可以表達出說話者打從心底想要祝福對方的心情。

可以連續重複「快樂」兩字，也可以像我一樣，加入別的元素。

在每天繁忙的生活當中，仍想利用短時間為重要的人獻上祝福的話，重複法就是個很有幫助的祕方。

③

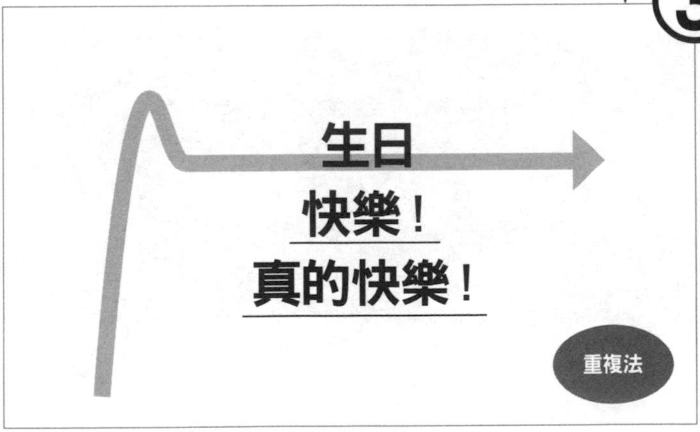

我總結一下這個課題的重點。

一年當中，總是得寫上好幾次的生日祝福。

儘管寫的時候是抱著祝福對方的心情，但只能寫出「生日快樂！」這種和別人一模一樣的訊息時，對方就不會留下印象。

雖然短時間就能完成，但運用「重複法」的訊息，想必能深深地烙印在對方的心底。

接下來，我們繼續進行下一個課題。

重點

課題 用對比法寫出「創造大家的幸福」

說明自己的工作。
把你實際的工作用一種直觀的方式告訴大家。

這是向新進員工、向自己家人說明自己的工作時，可以派上用場的表達法。

相對於「大家的幸福」，不妨刻意在句子前半加入貌似相反的，也就是「工作烏煙瘴氣的部分」。

畢竟，無論什麼工作，都會有這兩個面向。

舉例來說，麵包店的工作你可以說是在「揉麵」，但也可以說成是「創造大家的幸福」吧。

又譬如，汽車製造商可以說它是在「製造車體」，但也可以說是在「創造大家的幸福」。

那麼，接下來就請各位以自己的工作為題材，寫寫看吧。

預備，起！

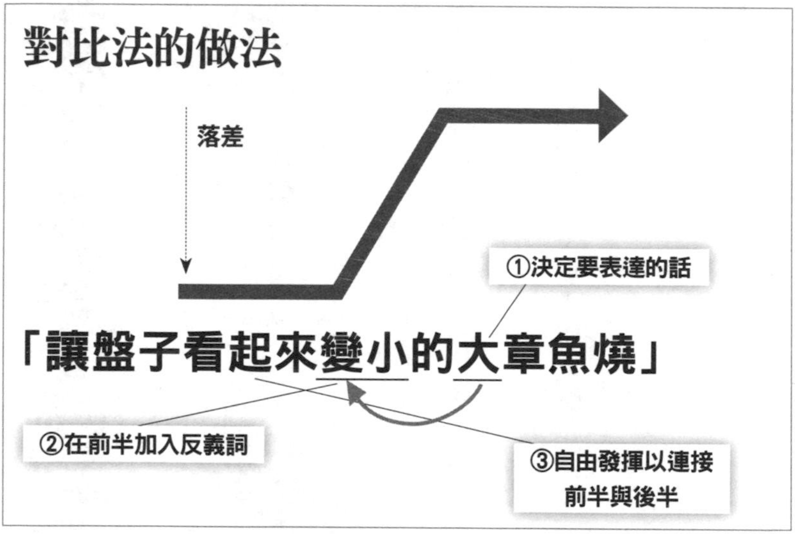
對比法的做法
落差
①決定要表達的話
「讓盤子看起來變小的大章魚燒」
②在前半加入反義詞
③自由發揮以連接
前半與後半

請參考
這個唷！

我們請同學來發表一下。木下先生，請。

木下：「是。我在精密零件的公司上班，我試著寫成**說法④**。」

謝謝。請問所謂的精密零件是譬如什麼樣的東西呢？

木下：「時鐘的螺絲或螺栓之類的。」

原來如此。

如果是這樣的話，直接把具體的東西說出來，可以更強化對比唷！

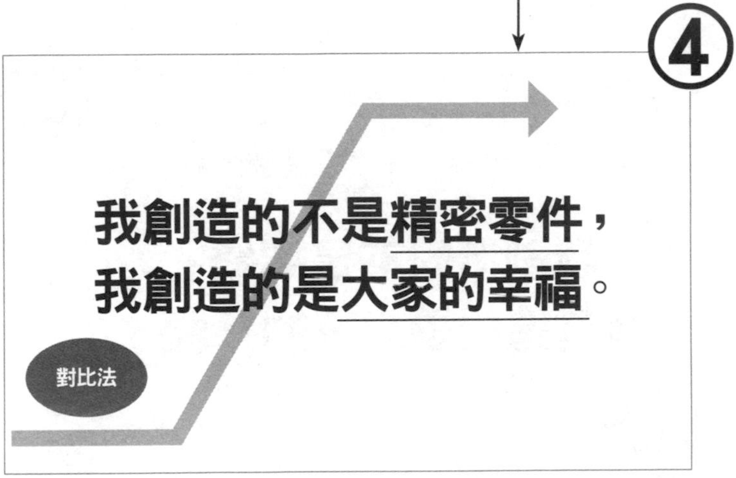
④
我創造的不是精密零件，
我創造的是大家的幸福。
對比法

比如說，改成這樣如何？

請看一下說法⑤。

木下：「哇～真的耶。好像是史蒂夫・賈伯斯會說的話！」

對吧（笑）。

對比法的重點就在於能把對比拉得多大。相對於「大家的幸福」這樣美好的事物，請盡量試著找出工作當中「烏煙瘴氣的部分」。

其他同學是怎麼寫的呢？

⑤

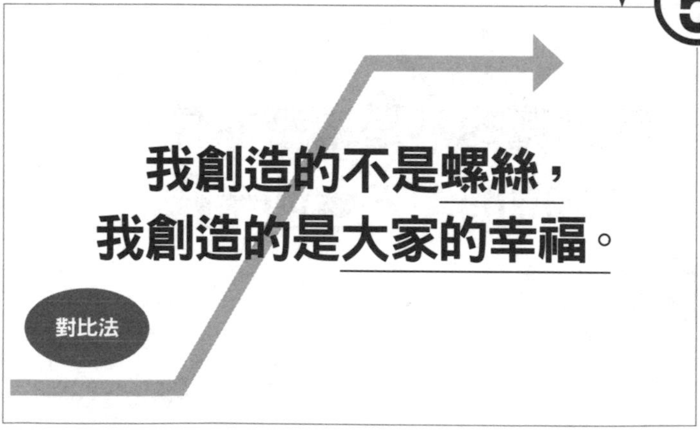
我創造的不是螺絲，
我創造的是大家的幸福。
對比法

嗯，船津女士。

船津：「我從主婦的立場試寫了說法⑥。」

噢噢噢！真棒！真棒！

這句話還讓我們意識到太太每天為家人準備飯菜的可貴呢。

一百分。

我想這句話能讓許多太太感受到自己的價值，也受到鼓舞。

簡直就是名言。太棒了！

好厲害

關於這個課題，我是這樣寫的。請看一下

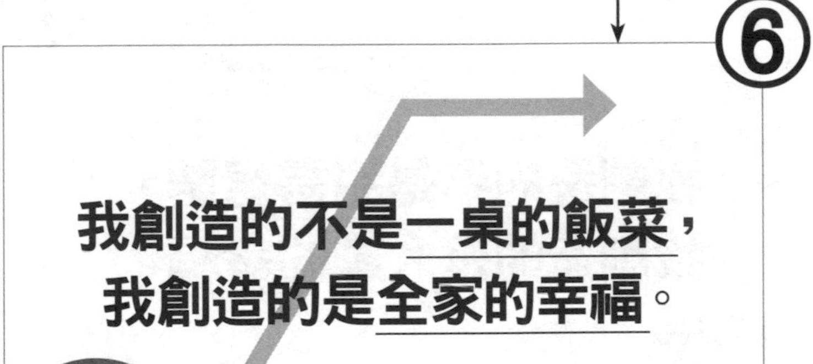
⑥
我創造的不是一桌的飯菜，
我創造的是全家的幸福。
對比法

說法⑦。

因為我是廣告文案，所以試著用「對比法」描寫了我的工作。

不知怎麼地，寫著寫著就覺得自己在做一件很棒的工作。

無論什麼工作，近看都是俗不可耐、烏煙瘴氣的。

但另一方面，無論什麼工作，也必定會為某人創造幸福。

請一定要訂定自己的願景，並以此自我勉勵。

無論是在面對新進員工、家人，或是為了企劃的提案。

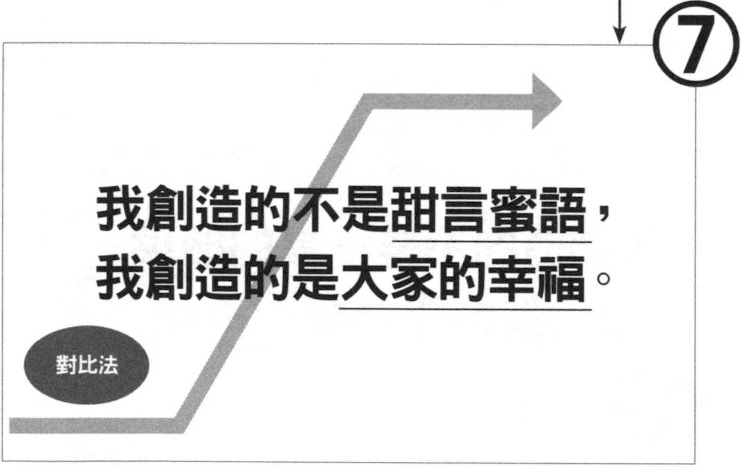
⑦
我創造的不是甜言蜜語，
我創造的是大家的幸福。
對比法

相信一定會派得上用場的。

那麼，讓我來總結一下重點。

剛剛請大家運用「對比法」創造了一些名言，想不到很輕易就完成了吧。

甚至還可能創造出如史蒂夫・賈伯斯或歐巴馬總統般令人感動的話語。

關於「對比法」，只要掌握了訣竅，馬上就能運用自如。

這是一個非常強而有力，孕育出許多名言的祕方，所以希望各位一定要學會。

接下來是最後的課題。

重點

創造對比，

就能創造名言。

同樣的話，

也會變成深入人心的一句話。

課題　用「頂尖法」描寫「烤雞肉串真好吃」

上司帶你去吃了烤雞肉串，
你要寫一封訊息表示感謝。

請用頂尖法來表達烤雞肉串很好吃。

好久沒請吃飯的上司，今天請大家吃了烤雞肉串。
這時若能說句「那家店真的好好吃唷！」
上司肯定會龍心大悅。
請試著用「頂尖法」向上司表達那家店有多好吃。
我想這是日常生活中可以直接運用的一個情境。

好，那請大家思考一下。

預備，起！

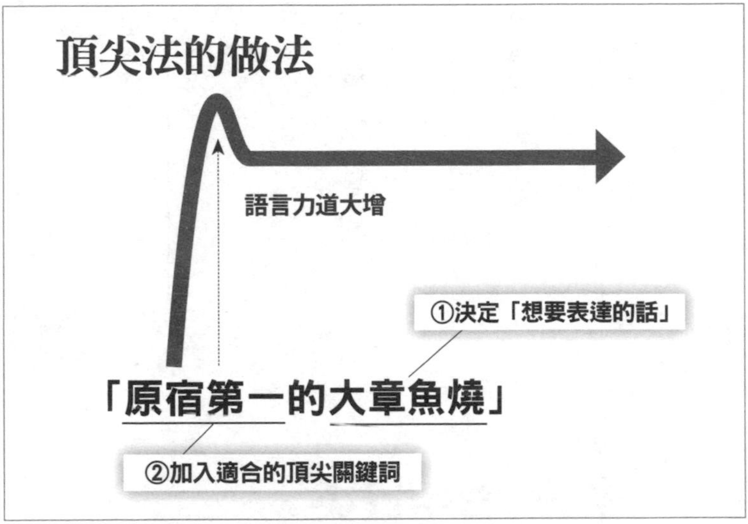
頂尖法的做法
語言力道大增
①決定「想要表達的話」
「原宿第一的大章魚燒」
②加入適合的頂尖關鍵詞

請參考這個唷！

我們請同學來發表一下。小野先生，請。

小野：「是。我想如果是**說法⑧**的話，對方應該會很高興。」

這應該是真的很好吃吧！

好像史上最年輕金牌得主岩崎恭子選手的名言一般。

非常一目了然，但對於上司可能只是隨興地決定請吃烤雞肉串來說，好像就有點太誇張了。

如果改成這樣如何呢？

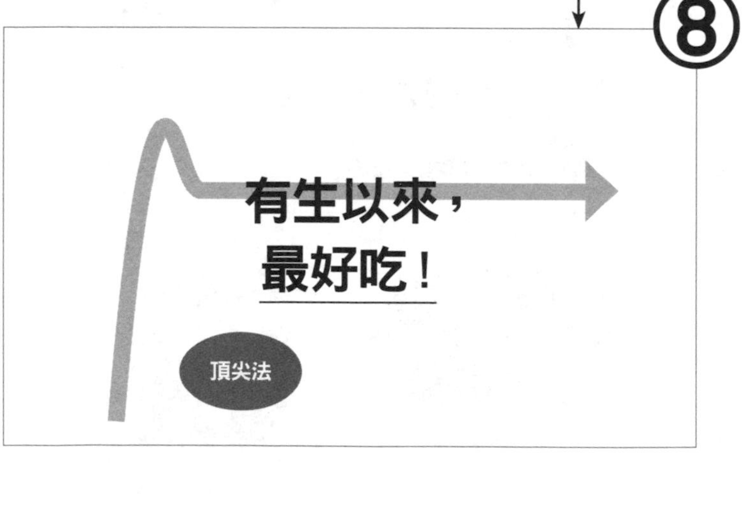

我試著寫成如**說法**⑨。

小野：「啊～這樣的話，感覺比較能真心地說出口（笑）。」

甚至，不需要說到這種程度，可以把期間縮得更短，只要說「是近期去過的店裡最好吃的一家！」就好。

不需要說謊。

小野：「若改成『今天去過的店裡最好吃的！』，可以嗎？」

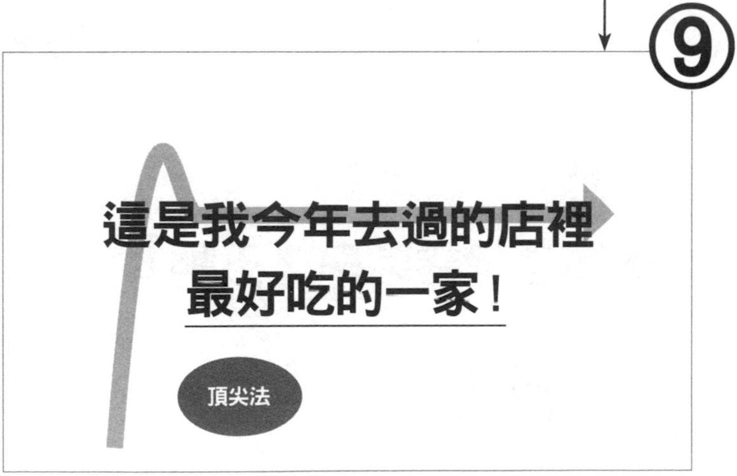
⑨
這是我今年去過的店裡
最好吃的一家！
頂尖法

這樣的話，去過的店會不會有點太少了啊（笑）。

有沒有想要接著發表的同學，好，坪谷先生。

坪谷：「是。我試著想了一個說法是不用『最』這個字眼的。是**說法⑩**。」

原來如此。

真厲害。

連我也想去了。

雖然「～之王」並非沒有斷言就是第一，但卻表達出同樣的氛圍，是個強而有力的說

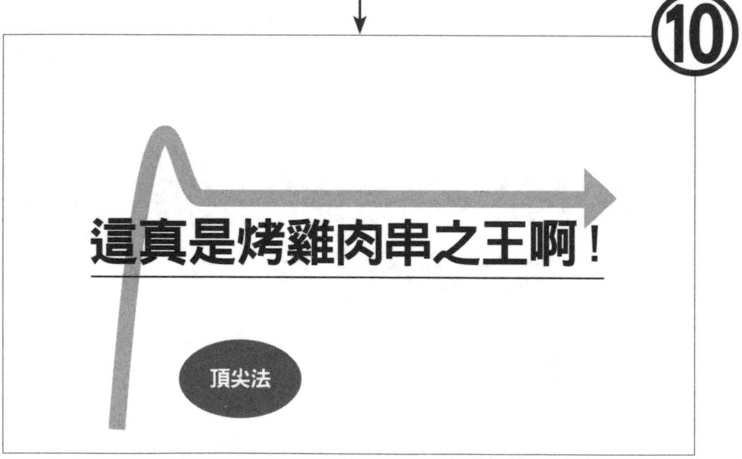

法。真不錯。

讓我們把文脈再表現得更淺顯易懂一些吧。我稍微修正為**說法⑪**。

坪谷：「原來是這樣啊！下次我想試試真的用在上司身上。」

上司聽到這樣的話，一定也很開心唷。

若有意識地在日常生活裡運用這些強而有力的話術，在撰寫企劃書或是突然需要發表談話時，也就能自然而然地運用了。

把它當作是個遊戲也無妨，請試著刻意運用這些技巧。

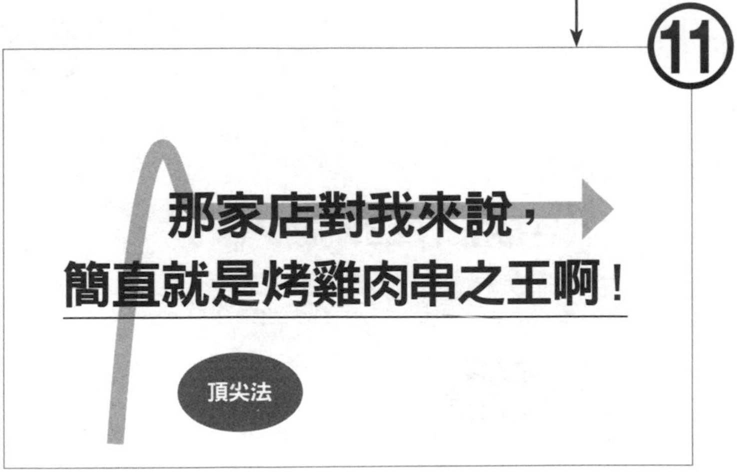
⑪
那家店對我來說，
簡直就是烤雞肉串之王啊！
頂尖法

這一題我是這樣寫的。

請看一下說法⑫。

會場「哇——！」

在尋找「美味」的頂尖關鍵字時，我想到了米其林指南。

當然，這家店在真正的米其林指南裡不是三顆星，所以我才說是「我個人的米其林指南」。

最後總結一下重點。

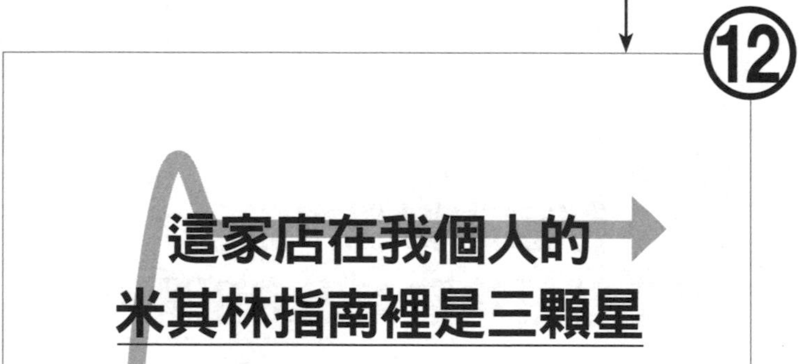
⑫
這家店在我個人的
米其林指南裡是三顆星
頂尖法

只要使用頂尖關鍵字，就能帶來強烈印象、引起矚目。

尋找頂尖關鍵字是一項有趣的作業，所以請多多嘗試。

你會發現，這世上有相當多的命名都運用了這項技巧。

「拉王」、「CoCo一番屋」、「國王的早午餐」、「倍適得電器（BEST電器）」、「世界的NABEATU」。商品名稱一開始就採取這個命名策略，光是這樣就能引起矚目，也更容易孕育出熱賣商品。

而且，這個技巧連你都能輕易地運用自如。完全就只取決於你知不知道而已。

重點

只要使用頂尖關鍵字，

就能帶來強烈印象、引起矚目。

結語

打開塵封已久的人生大門

當你讀到這個部分，表示你的「表達力水準」已經到了很高的層次，遠超過你自己的想像。現在的你，在與人溝通或是寄發電子郵件時，已經能夠採取有別於以往的表達方法了。

用下廚來比喻的話，可說就像是知道了祕方後，在學校裡已經反覆實際演練過很多次的狀態。

接著，就是上桌前的最後調整、裝飾。請馬上在實際生活中運用看看。

我很喜歡一部由羅素・克洛電影主演的電影——《最後一擊》。這是一部根據真實故事改編，描述一名右手負傷的拳擊手從谷底翻身的電影。他迫於無奈，只能單用左手從事行李搬運的工作。不久後的某天，他在因緣際會之下參加了拳擊比賽……站上擂臺後，他赫然發現自己變強了，而且強到連自己都大吃一驚。原來是每天搬運行李的工作鍛鍊了他的左手，讓他能夠接二連三地祭出前所未有的威猛左拳。

接下來，你也將祭出強力的一拳。

別擔心，現在的你，已經鍛鍊出「表達法的肌肉」。我自己因為學會了「表達法的祕方」，人生為之一變。這一次，輪到你來體驗了。

好不容易鍛鍊起來的肌肉，不用的話就會日漸衰弱。所以，重點是要在日常生活中多加運用。這就是不讓肌肉流失，開拓人生的筆直大道。

請把書末的附錄剪下來，收進名片夾裡。

這就是你的護身符。無論在戀愛、工作，還是非贏不可的勝負關鍵，它都會守護著你。

差不多也到了該道別的時間了。

不過，別擔心。你已經學會表達的技巧了。

所以請放心、大膽地，

推開你塵封已久的人生大門吧！

用你翻開這一頁的這雙手。

——佐佐木圭一

在此，我要由衷感謝負責本書編輯工作、鑽石社的土江英明先生、飯沼一洋先生，我的師父杉村太郎先生，並承蒙各界人士的鼎力協助，才得以完成本書。謝謝您們。

最後，要向各位報告一件事。

在前一本書中，曾與讀者約定我將代表各位，送出用來提高識字率的「字母表」。這個任務已經圓滿達成。

當我們將「字母表」交給每個孩子時，他們都要求和我們握手。

當我握住他們溫暖的小手時，心頭一揪，不知為何眼淚就不禁奪眶而出。

我用握住這些小手的手，寫了這本書。想把那一份溫暖，交還給手裡拿著這本書的你。

孩子們透過學習語言，將來就有機會找到工作。

來自各位的這份語言的禮物，現在也仍貼在學校或孩子們的家裡，凝視著他們的未來。

我決定將本書的一部分版稅，在低識字率地區的學校裡建造圖書室。圖書室裡每年都會不斷培育出未來的主人翁。

而買了這本書的你，也是送圖書室給孩子們的其中一人唷！

照片攝於印尼某個不識字率百分之十二的村落。我們透過NPO，順利將字母表分送給包括這裡在內共計六十四所小學。

國家圖書館出版品預行編目資料

只靠靈感，永遠寫不出好文案！日本廣告天才教你用科學方法一小時寫出完美勸敗的絕妙文案 / 佐佐木圭一著 ; 陳光棻譯 . – 再版 . – 臺北市 : 如果出版 : 大雁出版基地發行 , 2023. 07
面 ; 公分
譯自 : 伝え方が 9 割 2
ISBN 978-626-7334-07-2（平裝）

1. 廣告文案 2. 廣告寫作

497.5 112008465

只靠靈感，永遠寫不出好文案！

——日本廣告天才教你用科學方法一小時寫出完美勸敗的絕妙文案

伝え方が9割 2

作者／佐佐木圭一
譯者／陳光棻
封面設計／萬勝安
內文設計／黃雅藍
特約編輯／劉素芬
責任編輯／劉文駿
行銷業務／王綬晨、邱紹溢
行銷企劃／曾志傑、劉文雅
副總編輯／張海靜
總編輯／王思迅
發行人／蘇拾平
出版／如果出版
發行／大雁出版基地
地址／台北市松山區復興北路333號11樓之4
電話／（02）2718-2001
傳真／（02）2718-1258
讀者傳真服務／（02）2718-1258
讀者服務／E-mail andbooks@andbooks.com.tw
劃撥帳號／19983379
戶名／大雁文化事業股份有限公司
出版日期／2023年7月 再版
定價／380元
ISBN／978-626-7334-07-2

TSUTAEKATA GA 9WARI 2
By KEIICHI SASAKI

打造「強力話術」的八個方法

就如同做菜有祕方一般，表達方法也有祕方。

①驚喜法

一眨眼間，
十秒就能完成的技巧

言力道大增

①決定要表達的話

要成為海賊王 !!!!」

②加入適合的驚喜字眼

!

②對比法

歷史上領袖們愛用、
牽動人心的技巧

落差

①決定要表達的話

「最好是金牌，最差也是金牌」

②在前半加入反義詞

③自由發揮以連接
前半與後半

!

③赤裸裸法

創造感動、
訊息直抵人心的技巧

語言力道大增

①決定想要表達的話

「讓人不禁停止呼吸的大章魚燒」

③加入赤裸裸的關鍵字

②想像身體的反應

④重複法

吉卜力樂曲中
也使用的洗腦技巧

語言力道大增

①決定想要表達的話

「波妞 波妞 波妞 」

②重複再重複

高潮法

常在人前說話的人
定要知道的技巧

道大增

①不馬上說出「想要表達的話」

＋三角形的面積是～」

NEW!

⑥數字法

隱藏在「九成都靠表達力講座」
命名背後的技巧

語言力道大增

①決定想要表達的話

「一〇一 許多忠狗」

②轉換成適當的數字

⑦合體法

能夠創造出熱賣商品、
流行現象的技巧

＋

「消極 男」

②列出大量副線單詞的替代說法

①選定主線單詞

「低調」
「柔軟」
「草食」
「客套」

③組合在一起

⑧頂尖法

光是使用就能
提高銷售量的技巧

語言力道大增

①決定「想要表達的話」

「世界上 最想上的課」

②加入適合的頂尖關鍵字

表達方法很重要！

把「NO」化為「YES」的技

達成你的請託的答案，不在你身上，在對方身上。

轉化為「YES」的七個切入點

❶投其所好

×「這件襯衫只剩下現貨了」
○「這一件賣得很好，只剩最後一件了」

❷趨吉避凶

×「請勿觸摸展品」
○「展品表面塗有藥劑，請勿觸摸」

❸任君選擇

×「要來點甜點嗎？」
○「芒果布丁和抹茶冰淇淋。
請問要哪一種呢？」

❹力求認同

×「擦個窗吧！」
○「老公你比較搆得到高的地方，一定能把窗子擦得亮晶晶的吧！能請你幫忙嗎？」

❺非你莫屬

×「要不要去喝一杯？」
○「唯獨希望鈴木你一定要來！」

❻團隊合作

×「你來做聚餐的召集人吧！」
○「要不要一起當聚餐的召集人？」

❼感恩的心

×「搬一下這張桌子！」
○「麻煩搬一下這張桌子。謝謝唷！」

轉化為「YES」的三個

步驟1 不要直接說出自己的想法
步驟2 想像對方的想法
步驟3 提出符合對方利益的請求

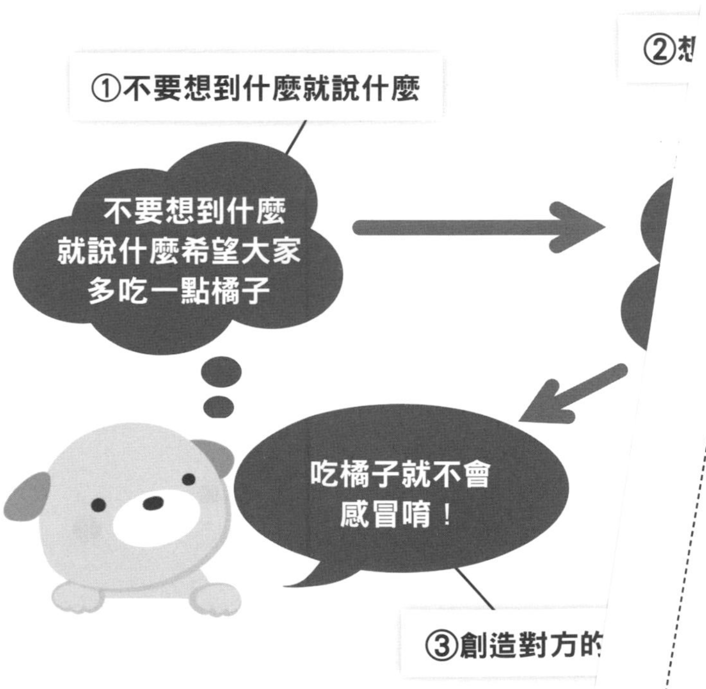
①不要想到什麼就說什麼
不要想到什麼就說什麼希望大家多吃一點橘子
②想
吃橘子就不會感冒唷！
③創造對方的

裁切

語
「我
希望
語言力
「這裡會考唷！
②從高潮關鍵字開始說